基于 Python 的语料库数据处理

Corpus Data Processing with Python

雷 蕾 著

科 学 出 版 社
北 京

内 容 简 介

本书以语料库语言学研究实践为导向，介绍 Python 编程基础知识。第 1 章为 Python 语言简介，第 2 章至第 6 章由易到难、循序渐进介绍 Python 语言的基本数据类型和语法。第 7 章和第 8 章提供文本处理的个案实例。全书内容涵盖语料库语言学研究中常用的文本处理模式，读者可以通过学习本书掌握语料库语言学研究中的 Python 编程技巧，以便更深入地进行研究。另外，本书提供大量语料库语言学文本处理所需的 Python 代码，读者可以直接将这些代码(或将这些代码稍加改动)用于自己的研究中。

本书的读者对象为语言学或语料库语言学的研究者或爱好者。

图书在版编目（CIP）数据

基于 Python 的语料库数据处理 / 雷蕾著. —北京：科学出版社，2020.6

ISBN 978-7-03-065249-2

Ⅰ. ①基… Ⅱ. ①雷… Ⅲ. ①软件工具-程序设计 Ⅳ. ①TP311.561

中国版本图书馆 CIP 数据核字（2020）第 088899 号

责任编辑：张　宁 / 责任校对：樊雅琼

责任印制：赵　博 / 封面设计：蓝正设计

科 学 出 版 社 出版

北京东黄城根北街 16 号

邮政编码：100717

http://www.sciencep.com

三河市骏杰印刷有限公司印刷

科学出版社发行　各地新华书店经销

*

2020 年 6 月第　一　版　开本：720×1000　B5

2025 年 1 月第六次印刷　印张：11 1/4

字数：230 000

定价：68.00 元

文科生的编程自白

在书稿即将完成之际，我非常乐意与读者诸君分享我学习语料库语言学，特别是学习语料库数据处理技术的经历，以与大家共勉。

如果从 2002 年硕士求学开始算起，我接触和学习语料库语言学已有近二十年时间，而学习语料库数据处理技术大致经历了如下三个阶段，即从完全依赖软件工具处理数据的初始阶段，到软件工具与编程并行处理数据的中间阶段，再到最近几年基本通过编程来处理数据。

初始阶段：完全依赖软件工具。在学习语料库语言学的初始阶段，我主要依赖 WordSmith、AntConc 等软件工具来处理语料数据。使用软件工具处理数据的一个显著优点是学习成本低、操作简单。但随之而来的问题是，数据处理受限于软件功能，即数据处理局限于 WordSmith、AntConc 等软件所提供的制作词表、提取关键词等少数几个简单功能，而当需要用其他方法处理数据以解决稍微复杂的研究问题时，往往囿于数据处理能力而无法开展更深入的研究。

中间阶段：软件工具与编程并行。2010 年春在博士论文送外审后，我开始摸索学习编程。记得我最开始学习的是 Perl 语言，后来又学过一点儿 Linux 系统的命令行语言。刚开始学习编程最痛苦，我是纯文科出身，没有任何基础，加上又是自学，走了不少弯路；当然，痛苦摸索的过程也锻炼了自学能力，特别是通过网络查找资料和解决方案的技能得到了提升。后来 Python 语言越来越火，我大约在 2014 年开始学习 Python 编程。由于有 Perl 语言基础，学习 Python 似乎轻松顺利了许多。2014 年 4 月，我第一次到美国阿拉巴马大学英语系访学，在租住的小屋里，我终于磕磕绊绊地写好从某大报自动爬取中英文新闻报道并双语对齐的代码，看着代码成功运行，数千对齐文本自动生成，我喜不自禁，感觉拥有了整个世界！2015 年，我再次到阿拉巴马大学访学，又零星学了一阵 R 语言，但还是写 Python 居多。这一阶段，我主要运用软件工具做语料基本处理(如用 AntConc 做检索、用 Linux 命令行下调、用 Stanford CoreNLP 做词性赋码或句法分析)，然后写 Python 代码对初始处理过的数据进行深加工。因此，这一阶段是软件工具和编程兼用，相互协作，我通过 Python 写代码处理语料的技术已比较熟练。

现阶段：编程为主。转眼到了 2017 年秋季，我到美国内布拉斯加大学林肯分校英语系访学。由于合作导师 Matthew Jockers 教授主要使用 R 语言，而我主要使用 Python，我们一开始合作处理数据时不太顺畅。比如，我把 Python 代码发给 Matthew，他需要将我的代码“翻译”成 R 代码；反之亦然，我需要将 Matthew 的 R 代码“翻译”成 Python 代码，此种低效合作促使我开始认真学习 R 语言。当然由于有编程基础，我的学习过程也颇为顺利，在内布拉斯加大学半年访学结束时，R 语言也用得比较顺手了。自此以后，我逐渐熟悉在 Python 语言或 R 语言中调用其他工具包，也渐渐减少用软件工具的频率，并过渡到绝大部分数据处理工作通过编程来完成的阶段。

啰啰嗦嗦这么多，既是对我过去近二十年学习编程的小结，也是为读者诸君“现身说法”—— 文科生也可以自学编程。当然，我们颇业余的编程水平与理科生或专业程序员不可同日而语，我们写的代码可能非常“简陋”甚至低效，但我们在笨拙挣扎后能写出可以运行的代码，能解决绝大部分我们想要解决的研究问题，这就足够了。

本书是我学习 Python 编程的心得，也是我多年科研工作中累积的 Python 代码的部分集合。本书在介绍 Python 基本数据类型和语法的基础上，提供了大量语料库数据处理的个案实例：从较为简单的文本分句、分词、词性赋码、词形还原，到较为复杂的搭配提取、句法分析、双语文本对齐，涵盖语料库数据处理所需的大部分研究场景。相信读者诸君在阅读和学习本书内容后，能掌握用 Python 进行语料数据处理的基本技能，从而在此基础上不断扩大研究边界、提升研究实力和研究质量。

本书的撰写和出版，需要感谢太多人。感谢导师王同顺教授的培养和关心，感谢合作导师 Dilin Liu 教授、Matthew Jockers 教授的指导和提携，感谢北京航空航天大学卫乃兴教授、梁茂成教授，以及华中科技大学外国语学院领导和同事的鼓励和支持。感谢我的博士生施雅倩、文举帮忙校对书稿、测试代码。感谢科学出版社张宁女士和其他编辑老师的帮助和默默付出。最后，感谢太太和女儿的爱，我要将此书献给她们。

本书出版得到华中科技大学 2019 文科双一流建设项目资助，为“大数据语言信息处理一流团队建设”项目阶段性成果，特此致谢。

雷　蕾

2020 年 2 月 20 日于喻家山

目　　录

第 1 章　引　　言

1.1　Python 语言与语料库数据处理

Python 语言是一门解释性编程语言，功能强大，可用于处理各种数据问题。Python 具有如下特点：

（1）跨平台性、良好的扩展性。Python 语言具有跨平台运行的特点，可在各种主流操作系统上使用，如微软 Windows、Linux、苹果 Mac OS X 等操作系统。同时，Python 语言具有良好的扩展性，能很方便地扩展到 C、C++、Java、R 等其他语言。

（2）开源、友好。Python 语言是开源的编程语言，已经形成了强大、友好的用户社区和社区文化。同时，Python 语言具有完备的文档可查。因此，在学习 Python 语言过程中如果遇到问题，学习者将很容易通过社区和文档等寻求到帮助和解答。

（3）语法简洁、易于学习和使用。Python 语言经常被用来与另一门编程语言 Perl 语言进行对比。与 Perl 语言相比，Python 语言语法简洁、干净，更容易学习。简洁的语法，也使得 Python 语言更容易使用，其代码也更易于维护。因此，Python 社区的一句流行口号是：人生苦短，我用 Python（Life is short, use Python）。

（4）库资源丰富。Python 语言有极其丰富的库资源，这些库资源使我们的工作变得更加方便。比如，自然语言处理（Natural Language Toolkit，NLTK）库内置了很多自然语言处理所需的语料库和模块资源，我们可以利用 NLTK 轻松完成诸如分词(tokenization)、词性赋码(POS tagging)、词形还原(lemmatization)、N 元词块提取(Ngrams extraction)等工作。

（5）免费。由于 Python 语言的开源性，使用 Python 语言是完全免费的。

近十几年来，语料库语言学已越来越受到语言学研究者的重视，通过语料库进行相关研究也已成为语言学研究不可或缺的重要方法。然而，由于语言学研究者大多是文科背景出身，没有编程经验，因此他们大多只能借用现有的图形界面软件(如 WordSmith、AntConc 等)来处理数据，而一旦现有软件没有研究者所需的功能，他们就束手无策了。语料库语言学研究需要对语料进行处理和分析，比如对语料文本的清洁、生语料的加工处理(词性赋码、词形还原、句法分析等)、从语料中提取和处理有用信息、数据分析和统计等。上述语料处理和分析工作，都可以通过 Python 语言来完成。

本书以语料库语言学研究实践为导向，向语料库语言学研究者介绍 Python 的基础编程知识。本书内容涵盖语料库语言学研究中常用的文本处理模式，读者可以通过学习本书掌握语料库语言学研究中的 Python 编程技巧，以更深入地进行研究。另外，本书提供大量语料库语言学文本处理所需的 Python 代码，读者可以直接将这些代码(或将这些代码稍加改动)用于自己的研究中。最后，阅读和学习本书内容的读者无需具备任何编程经验。

需要特别说明的是，由于本书的读者对象是语言学或语料库语言学领域的研究者或研究生，因此，本书介绍的 Python 编程内容仅限于最基本的 Python 编程知识，而没有涉及较复杂的编程知识(如如何定义函数、如何定义和使用类等)。这样做的目的在于使读者尽快掌握基本的 Python 编程知识，以利用这些编程知识服务于文本处理和研究。基于同样的原因，本书也不追求最优算法，而是聚焦于如何编写简明、通俗易懂的代码来解决研究中可能遇到的文本处理问题，从而服务于语言学，特别是语料库语言学研究的实际需求。读者在掌握本书内容的基础上，可以参考其他 Python 相关书籍，以进一步提高 Python 编程能力。

学习编程不同于学习语言学或其他理论知识，必须多实践才能真正掌握编程技巧。所以建议读者在阅读本书的同时，积极动手操作，并争取做到对于每个实验任务都能在脱离书本的情形下独立完成，这样才能真正掌握编程技巧。学习编程的另一个好方法是多读他人写的代码。在读他人代码的同时，应仔细体会和理解他人对于同样问题和任务的算法，便于以后自己在编程的过程中加以运用[①]。另外，我们建议读者在阅读本书时也参考其他 Python 相关书籍，推荐阅读书目见附录 A。

最后，我们为读者提供本书编程范例涉及的所有语料库文本，以方便读者练习。同时，我们还提供本书代码，以供读者参考[②]。所有材料在“PyCorpus”文件夹中。“PyCorpus”文件夹中的“codes”子文件夹含有相关代码，而

① Perl 语言创始人 Larry Wall 在谈及 Perl 语言与语言学关系时曾指出，人工语言和自然语言一样，应不羞于借鉴别的语言的长处(No shame in borrowing)。我们在学习编程时也应不羞于学习和借鉴别人代码中的算法和精髓。Larry Wall 的上述观点，详见 http://world.std.com/~swmcd/steven/perl/linguistics.html。

② 本书所有数据和代码下载地址：1)请访问科学出版社科学商城：https://www.ecsponline.com/，检索本书，在本书详情页“资源下载”栏目中获取；2)本书作者 github 主页：https://github.com/leileibama/leopythonbookdata。

“texts”子文件夹含有所有语料库文本。微软 Windows 系统用户的读者可将“PyCorpus”文件夹复制到 C 盘根目录中，Linux 和 Mac OS X 系统用户的读者可将“PyCorpus”文件夹复制到“/Users/xxx/”目录中（“xxx”为用户名，如本书作者的目录为“/Users/leo/”）。本书所有的范例均在 Mac OS X 系统中展示，因此，当范例涉及文本路径时，“/Users/leo/PyCorpus/”或“/Users/leo/PyCorpus/texts/”为缺省路径，使用 Linux 系统的读者也将使用该路径为缺省路径。微软 Windows 系统读者与之对应的缺省路径为“C:/PyCorpus/texts”。

1.2 安装 Python

Python 语言现有 2.x 和 3.x 两个版本，3.x 版本在 2.x 版本基础上进行了修改和优化，其代码不回溯兼容 2.x 版本。由于目前很多相关程序库资源尚不支持 3.x 版本，因此目前仍有相当数量的编程人员使用 Python 2.x 版本。对于使用 Python 进行语料库数据处理来说，3.x 版本与 2.x 版本有两个比较大的差异，需读者注意。一是 print() 函数的使用。在 2.x 版本中，当打印字符串(如"Hello world!")时，既可以用 print "Hello world!"，也可以用 print("Hello world!")；而在 3.x 版本中，必须使用 print("Hello world!")。所以，建议读者在 2.x 版本中，也使用 print("Hello world!")，以使代码兼容 3.x 版本。二是整数型数值运算。在 2.x 版本中，整数型数值运算返回整数型数值；而在 3.x 版本中，整数型数值运算可能返回浮点型数值。如两个整数相除时(如 5/2)，在 2.x 版本中返回整数 2，而在 3.x 版本中返回浮点数 2.5。此点需要读者特别注意，以免引起计算问题。

本书介绍的 Python 编程基于 2.7 版本，所有程序均通过 2.7 版本和 3.7 版本测试，因此可兼容 2.x 和 3.x 版本。在两个版本结果有区别的地方，我们均加以说明。读者在熟练掌握 Python 2.x 版本编程后，将来应该很容易切换到 Python 3.x 版本。

本书介绍的编程需要涉及 Python 和 NLTK 库的使用，接下来我们来介绍如何安装 Python 和 NLTK。

1.2.1 在 Windows 系统安装程序

在微软 Windows 系统中，可以按照如下步骤进行安装：

1. 安装 Python

访问 https://www.python.org/downloads/windows/ 页面，下载 Python 2.7 Windows Installer 进行安装。

2. 安装 Numpy（可选）

参考 https://www.scipy.org/install.html 页面的指南安装。

3. 安装 NLTK

参考 https://pypi.org/project/nltk/ 页面的指南安装。

4. 安装 PyYAML

参考 http://pyyaml.org/wiki/PyYAML 页面的指南安装。

完成上述安装过程后，在 Windows 桌面依次点击“开始—程序—Python2.7—IDLE”，在 IDLE 中输入 import nltk，如无提示出错信息，则说明安装成功。

1.2.2 在 Mac OS 和 Linux 系统安装程序

Mac OS 和 Linux 系统已经默认安装了 Python，所以只需安装 NLTK 及相关程序包[①]。

NLTK 及相关程序包的安装步骤如下：

1. 安装 Setuptools

参考 http://pypi.python.org/pypi/setuptools 页面的指南安装。

2. 安装 Pip

在命令行中运行 sudo easy_install pip 即可。

3. 安装 Numpy（可选）

在命令行中运行 sudo pip install -U numpy 即可。

4. 安装 PyYAML 和 NLTK

在命令行中运行 sudo pip install -U pyyaml nltk 即可。

完成上述安装过程后，在命令行中运行 python，然后运行 import nltk，如无提示出错信息，则说明安装成功。

5. 安装 NLTK 库所需的资源数据

安装完成后，在命令行下输入 python，然后输入 import nltk，接下来输入 nltk.download()，会弹出如图 1.1 所示对话框，下载 NLTK 库所需的资源数据。

---

① 这里介绍的是 Python 2.7 中安装 NLTK 模块的方法。在 Python 3.x 中，可以通过如下方法来安装。1)安装 Python 3.x。2)在 https://pypi.python.org/pypi/nltk 网页下载 nltk-3.x.x.zip，解压。3)将命令行(command line)切换到解压后的路径，然后运行执行命令即可安装 NLTK：sudo python3 setup.py install。

在 Python 3.x 和 nltk 3.x 下安装 nltk data 的方法与 Python 2.7 下安装的方法类似：a.命令行中输入下面的命令，以进入 Python 3.x: python3。b.在 Python 3.x 中输入: import nltk。c. 输入：nltk.download()，即会弹出对话框，安装 NLTK 库所需的资源数据。

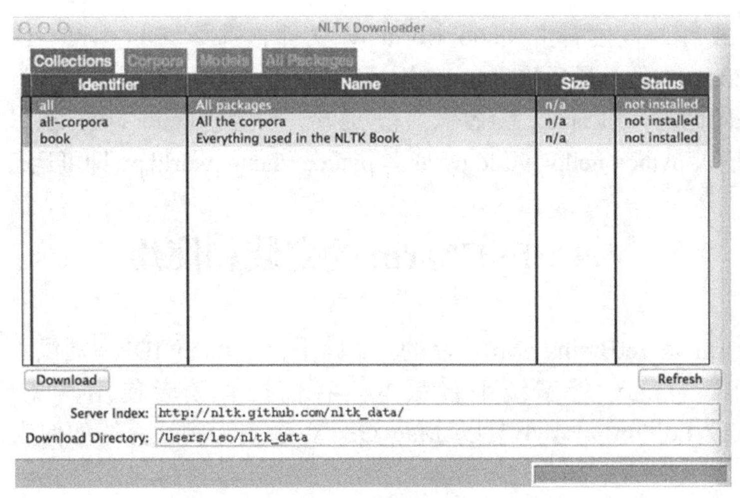

图 1.1 下载 NLTK 库所需的资源数据

在对话框中选择“all”，点击左下方的“Download”，可以下载所有 NLTK 相关资源数据(工具库、语料库、书籍等)。

1.3 Python 代码的编写和运行

我们可以在任何文本编辑器中编写 Python 代码，如使用 Windows 或 Mac OS X 系统自带的文本编辑器来编写 Python 代码。我们也可以利用 Python 集成开发环境软件(Integrated Development Environment，IDE)来编写 Python 代码。在使用 IDE 编写 Python 代码时，IDE 可以高亮 Python 关键词、智能提示函数相关信息、智能补全关键词和变量名等，因此 IDE 可以使代码编写过程更加顺利。

常用的 Python IDE 有 Python 自带的 IDLE，或者其他第三方 IDE，如 Wing IDE 101、Geany IDE、Eclipse/PyDev、NetBeans IDE for Python、PyCharm 等，读者可以尝试上述 IDE，根据自己的使用习惯进行选择。我们推荐使用 PyCharm。接下来我们简单介绍如何运行 Python 代码，详细介绍 PyCharm 的安装和使用。

写好 Python 代码后，需要运行代码以完成代码指令。Python 代码文件一般以.py 结尾。假设我们有一个 hello_world.py 文件(代码见 1.5 小节)，该如何运行该代码呢？

在微软 Windows 系统中，我们首先通过“开始—程序—Python2.7—IDLE”打开 IDLE，然后在 IDLE 中打开 hello_world.py 文件，最后按键盘 F5 键即可运行代码。或者，直接右击 hello_world.py 文件，选择 Edit with IDLE，打开 hello_world.py 文件，最后按键盘 F5 键运行代码。

在 Mac OS X 和 Linux 系统中，打开终端，切换到 hello_world.py 文件所在的文件夹，输入 python hello_world.py 或者 python ./hello_world.py 即可运行代码。

1.4　PyCharm 的安装和使用

PyCharm 是 JetBrains 公司出品的一款跨平台 Python IDE，提供 Windows、Mac OS X、Linux 等系统平台版本。我们推荐读者使用其免费社区版（Community Edition）。本小节以 Mac OS X 系统为例，介绍如何安装和使用 PyCharm 。

1. 下载安装程序

从网站 https://www.jetbrains.com/pycharm/download/下载 PyCharm 安装程序。下载完成后，双击安装程序进行安装。

2. 安装程序

由于 PyCharm 需要 Java 运行环境，如果系统没有安装 Java 运行环境，双击 PyCharm 图标试图打开程序时，系统会提示安装 Java SE x runtime。按照提示安装 Java SE x runtime 完成后，再次双击 PyCharm。

3. 新建项目

PyCharm 将所有 Python 代码进行项目化管理。因此，在首次打开运行 PyCharm 时，会提示设置新建项目。如图 1.2 所示，已经有了一个名为 Python_Projects 的项目，下面我们介绍如何再新建一个项目。

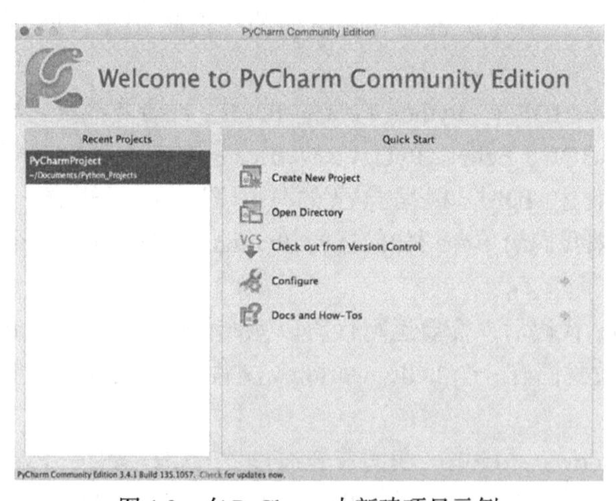

图 1.2　在 PyCharm 中新建项目示例

点击图 1.2 右侧的“Create New Project”设置一个新项目。如图 1.3 所示，将项目名称命名为 PyCorpus，该项目路径(Location)设置为/Users/leo/PyCorpus[①]，并选择解释器(Interpreter)为 Python 2.7。

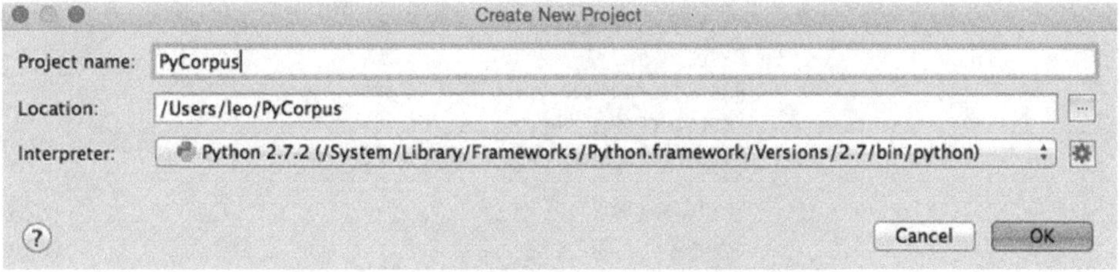

图 1.3 为新建项目命名并设置项目路径示例

4. 命名文件

打开 PyCharm 主界面后，点击菜单栏中的“File-New”，选择“New Python file”，在弹出的对话框中将新建的 Python 代码文件命名为 hello_world，如图 1.4 所示。

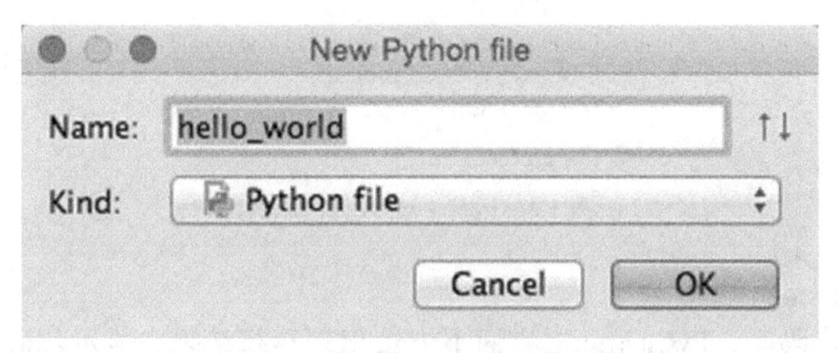

图 1.4 新建 Python 代码示例

5. 输入代码

在打开的代码文件中，输入 1.5 小节所列的代码，然后保存代码，如图 1.5 所示。

图 1.5 在 PyCharm 中输入代码示例

① 项目相关的代码将全部自动储存在该文件夹中，读者可以自行设置其他项目名称和路径。

6. 运行代码

右击代码任意位置，在弹出的对话框中，选择“Run 'hello_world'”如图 1.6 所示，即可运该代码。

图 1.6 运行 Python 代码示例

7. 代码运行结果

运行代码后，PyCharm 主界面下方会出现运行结果，显示代码打印出了“Hello world!”，如图 1.7 所示。

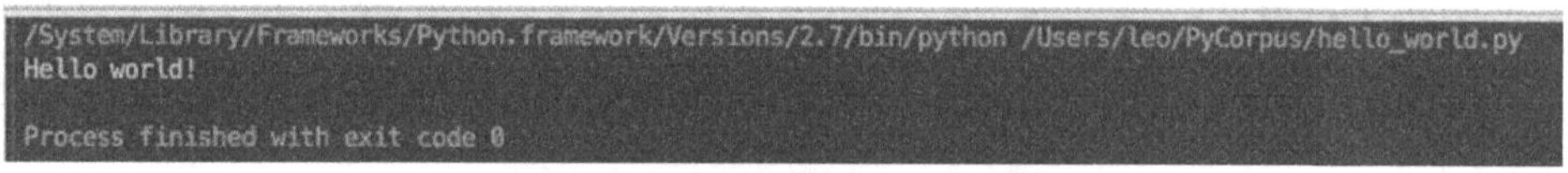

```
/System/Library/Frameworks/Python.framework/Versions/2.7/bin/python /Users/leo/PyCorpus/hello_world.py
Hello world!

Process finished with exit code 0
```

图 1.7 Python 代码运行结果示例

1.5 “Hello world!”

我们遵循编程入门书籍的惯例，通过介绍一段打印“Hello world!”语句的代码，让读者对 Python 编程有基本的认识。请看下面的代码[①]。

① 本书所有代码均放置在方框中，以区别于正文其他内容。

code1.1.py

```
# hello_world.py

# This will print out "Hello world!" on the screen
print("Hello world!")
```

代码第一行中的#符号是对该行代码的注释。为方便阅读代码，我们可以对代码进行注释，Python 解释器不运行注释符号#后面的内容。Python 语言的注释方式主要有两种。一是#符号注释，二是'''符号注释。#符号注释一般独占一行，或者放在某行代码的后面，解释器不运行#后面的内容。如果需要注释的内容比较多，而且需要跨行，可以使用一组三个单引号(''')进行注释。解释器不运行注释符号(''')中间的内容。请看下面的代码。

code1.2.py

```
''' This is a multi-line
comment
of Python'''

'''
This is another multi-line
comment
of Python
'''
```

让我们回到第一段代码。第一行的#注释符号后是该段 Python 代码的文件名 hello_world.py。Python 代码文件名一般以.py 结尾。代码的下一行是一行空段，没有任何内容。在书写 Python 代码时，可以适当留出空段，以方便阅读。解释器不运行空段。再下面一行又是注释内容，说明代码最后一行的功能，即最后一行将“Hello world!”语句打印到屏幕上。代码最后一行运用 print()函数打印“Hello world!”语句。双引号引用的“Hello world!”是字符串，下一章将有详述。print()后面的“Hello world!”字符串称作 print 的参数。Python 语言的函数可以有零个、一个或多个参数。在 Python 2.x 版本中，print()后面可以使用()，将参数置于()中，也可以不使用()；在 Python 3.x 版本中，print()后面必须使用()，并将参数置于()中。

另外，我们也可以将“Hello world!”字符串赋值给一个变量，以方便多次使用该字符串。Python 语言使用=运算符来对变量赋值。=运算符的左侧是变量名，=运算符右侧是存储在变量中的值。变量名由字母、数字、下划线(_)等符号组成，一般由字母开头，字母大小写敏感。另外，变量名中间不应该有空格。最后，变量名应该尽量取得有意义，以方便记忆。

在下面的代码中，我们先将“Hello world!”字符串赋值给一个变量，然后再打印该变量，其结果与上面的代码相同。

code1.3.py

```
# hello_world.py

# This is to assign "Hello world!" to the variable
"string1"
string1 = "Hello world!"

# This will print out the variable on the screen
print(string1)
```

1.6　本书结构

本书第 1 章为引言，首先介绍 Python 语言及其用于语料库数据处理的优势，然后介绍如何在 Windows、Mac OS、Linux 等系统中安装 Python，以及 Python 代码的编写和运行。PyCharm 是用户友好的 Python IDE，因此接下来的小节介绍如何安装和使用 PyCharm。随后介绍一个简短的 Python 代码编写和运行的实例。最后介绍本书的结构。

第 2 章至第 6 章讨论 Python 语言的基本数据结构和语法。每一章在介绍数据结构和语法的基础上，介绍常用的语料库数据处理实例。第 2 章介绍数值和字符串两种数据类型。数值部分首先介绍常用的数值运算符和数值函数，然后介绍数值计算的几个实例，如计算熵、二元组的共信息值和 T 值等。字符串部分首先介绍如何访问字符串和字符串的运算，然后介绍字符串相关的常用函数。

第 3 章讨论条件与循环，包括介绍 if、if...else 等条件判断和 while、for...in

循环，最后介绍如何使用 open() 函数读取和写出文本数据。掌握第 3 章内容后，读者可对本文数据进行基本的数值和字符串处理。

第 4 章介绍列表和元组。列表在语料库数据处理中使用得非常多，绝大部分数据处理都可能会使用列表。本章首先介绍列表的基本语法和如何访问列表数据，然后介绍几个列表和字符串数据相互转换的函数以及常用的列表函数；接下来介绍几个与列表相关的文本处理实例，比如如何制作词表、如何颠倒单词字母顺序、如何删除文本的空段落等；最后介绍元组。

第 5 章介绍正则表达式。语料库数据处理离不开对文本的检索，特别是根据研究和数据处理需要，进行较为复杂的数据检索。正则表达式是一种高级检索语言，可以对文本进行复杂的检索处理。Python 语言内置强大的正则表达式模块，学会使用该模块，可以使数据处理过程更加便捷。本章介绍如何在 Python 中使用正则表达式，并讨论如何利用正则表达式清洁文本，以及如何在清洁文本后制作更干净的词表。

第 6 章介绍字典数据类型，这是本书介绍的最后一个 Python 数据类型，也是 Python 语言最复杂的数据类型。掌握字典数据类型后，我们能更灵活地处理数据。本章在介绍字典的基本语法和常用函数之后，讨论如何对字典数据排序。本章最后介绍两个字典使用的实例，一是如何将词性赋码后的文本整理成字典数据，二是如何制作文本的单词词频表。

在前面章节介绍 Python 数据类型和基本语法的基础上，第 7 章和第 8 章为读者提供语料库数据处理的个案实例。这些实例均为笔者所做语料库相关研究的实际案例，希望读者学习这些案例后，能大致了解语料库数据处理的常用技巧，也希望这些案例对读者今后的研究有所裨益。

第 7 章首先介绍如何使用 NLTK 模块进行文本的分句、分词、词性赋码、词形还原，以及如何从文本中抽取词块，然后介绍计算搭配强度和句子检索的相关实例。Range 软件由 Paul Nation 教授编写，可以用于计算文本中所属 GSL 和 AWL 等词表单词的覆盖率。我们介绍如何使用 Python 来实现 Range 软件的功能，期冀该实例对读者今后进行词汇相关研究有帮助。语料库数据处理过程中经常会涉及处理多个文本，因此本章接下来介绍如何读取、合并多个文本，如何批量修改文件名。Stanford CoreNLP 是强大的自然语言处理软件，在语料库数据处理中得到广泛应用，因此，本章最后介绍如何在命令行下使用该软件进行分词、词性赋码、词形还原、句法分析等，并介绍如何运用 Python 提取 Stanford CoreNLP 处理后的相关数据信息。

语料库数据处理还经常涉及非拉丁语语系语言的 Unicode 文本处理。第 8 章以中文为例，介绍如何利用 Python 和其他相关软件进行中文 Unicode 文本的相关数据处理，包括中文分词和词性赋码、中文检索、英汉双语文本处理等内容。

本书最后有两则附录。附录 A 为读者介绍 Python 及命令行文本处理相关参考书籍，供读者学习参考；附录 B 提供宾夕法尼亚大学树库词性赋码集，以供读者查阅。

总之，本书第 1 章为 Python 语言简介，第 2 章至第 6 章由易到难、循序渐进介绍 Python 语言的基本数据类型和语法。没有编程基础的读者，可按章节顺序逐章阅读前六章内容。第 7 章和第 8 章提供文本处理的个案实例，个案基本按照由易到难的顺序排列，但个案之间没有紧密联系，读者可以根据自己的兴趣和研究需要选择阅读。有一定编程基础的读者，可快速阅读前六章内容，然后再选择阅读第 7 章和第 8 章内容。

第 2 章　数值和字符串

Python 语言常用的数据类型(data types)或数据结构(data structures)有数值(number)、字符串(string)、列表(list)、元组(tuple)和字典(dictionary)五种。

本章将讨论数值和字符串两种数据类型及与它们相关的常用函数，其他数据类型将在后面的章节中讨论。

2.1　数　　值

数值类型的数据包括整数(integer)型和浮点(float)型两种。整数型数据为整数数值；而浮点型数据为浮点数值，即带有小数点的数值。请看下面的代码示例。

code2.1.py

```
num1 = 8
print(num1)           # return: 8
print(type(num1))   # return: <type 'int'>

num2 = 8.0
print(num2)           # return: 8.0
print(type(num2))  # <type 'float'>
```

在上面的代码中，我们首先将整数型数值 8 赋值给变量 num1，然后打印 num1 变量，返回结果为 8；再打印 type(num1)，type()函数返回变量数据类型，所以返回结果为<type 'int'>，说明 num1 变量为整数型数据。

我们再将浮点型数值 8.0 赋值给变量 num2，然后打印 num2 变量，返回结果为 8.0；再打印 type(num2)，返回结果为<type 'float'>，说明 num2 变量为浮点型数据。

2.2 常用数值运算符

通常，我们需要对数据进行数值运算。表 2.1 中是 Python 常用的数值运算符。

表 2.1 Python 常用的数值运算符

运算类型	运算符	英文
加	+	addition
减	-	subtraction
乘	*	multiplication
除	/	division
取幂	**	exponentiation
整除	//	floor division
取余	%	remainder, modulo
转换成整数	int()	integer conversion
转换成浮点数	float()	float conversion

请看下面对数值进行计算的示例。

code2.2.py

```
num1 = 5
num2 = 2

print(num1 + num2)    # 7
print(num1 - num2)    # 3
print(num1 * num2)    # 10
print(num1 / num2)    # Python 2.7 中，两个整数型数值相除
                                  # 其结果也是整数型数值，所
以结果为 2
                                  # Python 3.x 中，两个整数
型数值相除
                                  # 其结果可为浮点型数值，所
以结果为 2.5
print(num1 ** num2)    # 25
```

```
print(num1 // num2)    # 2，结果为商的整数部分
print(num1 % num2)    # 1，5 除以 2，余数为 1
```

如果我们需要得到的结果是整数型或浮点型数值，则可以利用 int()或 float()两个函数对数值进行转换。int()可将数值转换成整数型数值，而 float()则将数值转换成浮点型数值。下面的代码是整数型和浮点型数值对比和转换的示例。

code2.3.py

```
num1 = 5       # 整数型
num2 = 2.0     # 浮点型

print(num1)       # 5
print(num2)       # 2.0
print(float(num1))       # 5.0
print(int(num2))      # 2

print(int(2.2))     # 2
print(int(2.6))      # 2
```

在 Python 2.x 版本中，如果参与运算的数值均为整数型数值，则运算结果为整数型数值；如果有一个为浮点型数值，则运算结果为浮点型数值。如果我们需要运算结果均为浮点型，则可以利用 float()函数将结果转换成浮点型数值。请看下面的示例。

code2.4.py

```
num1 = 5       # 整数型
num2 = 2       # 整数型
num3 = 2.0     # 浮点型

print(num1 / num2)       # 2
print(num1 / num3)       # 2.5

print(38/189)     # 0
```

```
print(float(38/189))    # 0.0
print(float(38)/float(189))    # 0.201058201058
```

在 Python 3.x 版本中，如果参与运算的数值均为整数型数值，运算结果也可能为浮点型数值。请看下面的示例。

code2.5.py

```
num1 = 5      # 整数型
num2 = 2      # 整数型
num3 = 2.0    # 浮点型

print(num1 / num2)     # 2.5
print(num1 / num3)     # 2.5
print(38/189)    # 0. 20105820105820105
```

2.3　常用数值函数

在本小节，我们介绍几个常用的数值函数。

2.3.1　abs()

abs()函数可以取数值的绝对值。请看下面的示例。

code2.6.py

```
print(abs(2.2))     # 2.2
print(abs(2.6))    # 2.6
print(abs(-2.6))     # 2.6
print(abs(0))     # 0
```

2.3.2　round()

round()函数可以对数值进行四舍五入。在 Python 2.x 版本中，round()返回的是浮点数，请看下面的示例。

code2.7.py

```
print(round(5.4))     # 5.0
print(round(5.5))     # 6.0
print(round(5.6))     # 6.0

print(type(round(5.6)))    # <type 'float'>
```

在 Python 3.x 版本中，round()返回的是整数，请看下面的示例。

code2.8.py

```
print(round(5.4))     # 5
print(round(5.5))     # 6
print(round(5.6))     # 6

print(type(round(5.6)))    # <class 'int'>
```

如果浮点数的小数点后有多位数，可以在 round()函数后加第二个参数，表示四舍五入的精度。返回结果是浮点数。请看下面的示例。

code2.9.py

```
print(round(5.4356, 3))    # 5.436
print(round(-85.4346, 2))    # -85.43

print(type(round(-85.4346, 2)))  # <class 'float'>
```

2.3.3　math 模块函数

Python 语言有一个 math 模块，模块中有很多涉及数学计算的函数。使用 math 模块，需要先引入该模块，即 import math。一般通过 math.function()方式来使用模块中的函数，其中，function 为函数名。下面介绍 math 模块中几个常用的函数。

1. math.sqrt()

math.sqrt()函数可以计算平方根，返回的数据为浮点型数据。请看下面的示例。

code2.10.py

```
import math
print(math.sqrt(9))    # 3.0
print(math.sqrt(26))    # 5.09901951359
```

2. math.log()

math.log(x, y)函数可以计算对数，其中，x 为真数，y 为底数。比如，下面的例子分别计算以 2 和 10 为底数，以 1008 为真数的对数。请看下面的示例。

code2.11.py

```
import math
print(math.log(1008, 2))    # 9.9772799235
print(math.log(1008, 10))    # 3.00346053211
```

利用 math.log(x, y)函数计算对数时，如果省略了 y 底数，则计算的是以自然数 e 为底数的自然对数。比如，下面的例子计算以自然数 e 为底数，以 1008 为真数的对数。请看下面的示例。

code2.12.py

```
import math
print(math.log(1008))    # 6.91572344863
```

另一个计算自然对数的方法是，在 math 模块中引入 log 和自然数 e（from math import e）。请看下面的示例，结果与上面的结果相同。

code2.13.py

```
from math import e, log
print(log(1008, e))  # 6.91572344863
```

2.3.4　random 模块函数

Python 的 random 模块内置一些函数可以生成随机数。与 math 模块类似，在使用 random 的函数之前，需要先引入 random 模块(import random)。

random.random()函数生成 0 至 1 之间的一个随机浮点数。

random.randint(x, y)函数生成 x 至 y 之间的一个随机整数，x 和 y 为整数，随机生成的结果大于等于 x，小于等于 y。

random.randrange(x, y, z)函数生成 x 至 y 之间的一个随机整数，步长为 z，x、y、z 均为整数，随机生成的结果大于等于 x，小于 y。请看如下示例。

code2.14.py

```
import random

print(random.random())     # 0 至 1 之间的一个随机浮点数

print(random.randint(0, 10))     # 0 至 10 之间的一个随机整数

print(random.randrange(1, 10))     # 1 至 9 之间的一个随机整数
print(random.randrange(1, 10, 2))     # 1, 3, 5, 7, 9 中的一个随
机数
```

random.choice(list)函数的参数是一个序列(字符串、列表、元组等)，其结果为从该序列中随机获取一个元素。

random.shuffle(list)函数的参数是一个列表，用于将列表中的元素顺序打乱。

请看下面的示例。

code2.15.py

```
import random

list1 = ['Mary', 'Michael', 'Julia', 'Leo']

print(random.choice(list1))     # 结果为 list1 四个元素中随机选择的
一个元素
```

```
random.shuffle(list1)
print(list1)    # 结果可能为['Mary', 'Julia', 'Michael',
'Leo']，每次运行结果不同
```

random.sample (sequence, n) 函数将从序列 sequence 中随机获取 n 个元素。请看下面的示例。

code2.16.py

```
import random

list1 = ['Mary', 'Michael', 'Julia', 'Leo']

print(random.sample(list1, 2))    # 结果可能为['Leo', 'Mary'],
每次运行结果不同

print(list1)    # ['Mary', 'Michael', 'Julia', 'Leo'], 不改变
原序列
```

2.4　数值计算示例

2.4.1　熵的计算

根据 Manning 和 Schütze[①] (1999) 的定义，熵 (Entropy) 表示某一随机变量不确定性的均值，熵值越大，随机变量的不确定性越强，而正确估计其值的概率就越小。熵的计算公式参看式 2.1。

$$H(p) = H(X) = -\sum_{x \in X}(p(x)\log_2 p(x)) \qquad (式\ 2.1)$$

其中，$p(x)$ 为随机变量 x 出现的概率。

① Manning, C. & Schütze, H. 1999. *Foundations of Statistical Natural Language Processing*. Cambridge, MA: MIT Press.

Manning 和 Schütze 指出，波利尼西亚语共由 6 个字符组成，我们可以将之看成是 6 个随机变量的序列，这 6 个随机变量出现的概率如表 2.2 所示。

表 2.2　波利尼西亚语 6 个字符出现的概率

字符	p	t	k	a	i	u
概率	1/8	1/4	1/8	1/4	1/8	1/8

根据上面的计算熵的公式，波利尼西亚语的字符熵为：

$$H(X) = -\left(\frac{1}{8}\log_2\frac{1}{8} + \frac{1}{4}\log_2\frac{1}{4} + \frac{1}{8}\log_2\frac{1}{8} + \cdots + \frac{1}{8}\log_2\frac{1}{8}\right) \qquad \text{(式 2.2)}$$

上面的式子可以简写成式 2.3：

$$H(X) = -\left(4\times\frac{1}{8}\log_2\frac{1}{8} + 2\times\frac{1}{4}\log_2\frac{1}{4}\right) \qquad \text{(式 2.3)}$$

下面我们用 Python 语言来计算式子：

code2.17.py

```
import math

entropy = -( 4 * (1.0 / 8) * math.log((1.0 / 8), 2) + 2 *
(1.0 / 4) * math.log(float(1.0 / 4), 2) )

print(entropy)

# 结果为：2.5
# 注意：将 1/8 写成 1.0/8，以将之转换成浮点数，否则 math.log(1/8, 2)
会报错，因为在 Python 2.x 中，1/8 = 0。
```

2.4.2　计算二元组的共信息值

二元组（Bigram）指的是字符串中两个相邻的单词组合。比如在字符串“I

love Python programming”中，有“I love”“love Python”“Python programming”等三个二元组。我们可以通过计算二元组的共信息值来判断该二元组内两个单词的共现是否具有显著意义。二元组共信息值的计算公式参看式 2.4。

假设有二元组 (x, y)，则：

$$MI(x,y)=\log_2\frac{P(x,y)}{P(x)\times P(y)}$$

$$MI(x,y)=\log_2\frac{\frac{f(x,y)}{N}}{\frac{f(x)}{N}\times\frac{f(y)}{N}} \qquad \text{（式 2.4）}$$

$$MI(x,y)=\log_2\frac{f(x,y)\times N}{f(x)\times f(y)}$$

其中：$f(x)$ 为 x 词在语料库中出现的频次；

$f(y)$ 为 y 词在语料库中出现的频次；

$f(x, y)$ 为 (x, y) 在语料库中共现的频次；

N 为语料库的库容。

现在我们假设二元组 (there, are) 在某库容为 1000000 词的语料库共现的频次为 335，there 在该语料库中的频次为 2844，are 在该语料库中的频次为 4393。试计算二元组 (there, are) 的共信息值。

code2.18.py

```
import math

N = 1000000.0
f_x = 2844.0
f_y = 4393.0
f_xy = 335.0
MI = math.log((f_xy * N) / (f_x * f_y), 2)
print(MI)

# 结果为：4.74488932095713
# 注意：将频次和库容后面均加上了.0，以将之转换成浮点数，否则
```

```
math.log()会报错。
```

2.4.3 计算二元组的 T 值

除了共信息值以外，我们还可以通过计算二元组的 T 值来判断该二元组内两个单词的共现是否具有显著意义。二元组 T 值的计算公式见式 2.5。

$$T(x,y)=\frac{f(x,y)-\frac{f(x)\times f(y)}{N}}{\sqrt{f(x,y)}} \quad \text{(式 2.5)}$$

其中：$f(x)$ 为 x 词在语料库中出现的频次；

$f(y)$ 为 y 词在语料库中出现的频次；

$f(x, y)$ 为 (x, y) 在语料库中共现的频次；

N 为语料库的库容。

我们还是以上一小节的二元组(there, are)为例。该二元组在库容为 1000000 词的语料库中的共现频次为 335，there 在该语料库中的频次为 2844，are 在该语料库中的频次为 4393。试计算二元组(there, are)的 T 值。

code2.19.py

```
import math

N = 1000000.0
f_x = 2844.0
f_y = 4393.0
f_xy = 335.0

T = (f_xy - ( (f_x * f_y) / N) ) / math.sqrt(f_xy)
print(T)

# 结果为：17.6204019046944
# 注意：将频次和库容后面均加上了.0，以将之转换成浮点数。
```

2.5 数值计算练习

1. 圆面积计算

我们来练习求圆面积。

$$S = \pi r^2 \quad \text{（式 2.6）}$$

假设 π 等于 3.1415，圆半径 r 等于 26.5，求圆面积。

code2.20.py

```
pi = 3.1415
r = 26.5
S = pi * r * r
print(S)  # 2206.118375
```

2. 频次转换

我们来练习观测频次（observed frequency）与相对频次（relative frequency）或标准化频次（normalized frequency）的转换。

假设某单词 x 在某语料库中出现了 1538 次，则 1538 为这个单词在语料库中的观测频次。

我们在汇报数据时，也可以汇报单词的相对频次或标准化频次，即某单词在语料库中每 1000 词次或 1000000 词次出现的频次。假设该语料库库容（corpus size）为 2156586 词。求单词 x 的相对频次或标准频次。

code2.21.py

```
observed = float(1538)
corpus_size = float(2156586)

# observed frequency per 1,000 words
relative1 = observed * 1000 / corpus_size
print(relative1)  # 0.713164232727

# observed frequency per 1,000,000 words
```

```
relative2 = observed * 1000000 / corpus_size
print(relative2)  # 713.164232727
```

3. 数学运算

计算下面式 2.7 中 x 的值。

$$x = \frac{-35 - \sqrt{3.6^3 \times 2.2}}{\sqrt[3]{9.16}} \times \log_2 \frac{1}{8} \qquad (式 2.7)$$

4. 三元组共信息值计算

我们可以利用共信息值来计算三元组(Trigram)的显著性。

三元组共信息值的计算公式如式 2.8 所示。

$$MI(x, y, z) = \log_2 \frac{f(x, y, z) \times N \times N}{f(x) \times f(y) \times f(z)} \qquad (式 2.8)$$

其中：$f(x)$ 为 x 词在语料库中出现的频次；

$f(y)$ 为 y 词在语料库中出现的频次；

$f(z)$ 为 z 词在语料库中出现的频次；

$f(x, y, z)$ 为 (x, y, z) 在语料库中共现的频次；

N 为语料库的库容。

假设在某库容为 1000000 的语料库中，三元组(in, order, to)的共现频次为 120，单词 in 的频次为 21402，单词 order 的频次为 377，单词 to 的频次为 26232。试计算三元组(in, order, to)的共信息值。

2.6 字 符 串

字符串是由字母、符号、数字等组成的一连串字符。

字符串一般放在一组单引号或双引号中间。一个字符串的单引号或双引号必须匹配。请看下面的示例。

code2.22.py

```
first_name = 'David'
last_name = "Smith"
print(first_name)    # 'David'
```

```
print(last_name)     # 'Smith'
```

如果字符串较长，而且是多行，则可以将该字符串放在一组符号（“'''”，三个单引号）中间，请看下面的示例。

code2.23.py

```
print('''
Now let us praise the Guardian of the Kingdom of Heaven
the might of the Creator and the thought of his mind,
the work of the glorious Father, how He, the eternal Lord
established the beginning of every wonder.
For the sons of men, He, the Holy Creator
first made heaven as a roof, then the
Keeper of mankind, the eternal Lord
God Almighty afterwards made the middle world
the earth, for men.
--(Caedmon, Hymn, St Petersburg Bede)
''')
```

2.6.1 字符串内含引号

由于字符串首尾需要加引号，如果字符串内含有引号，则需要通过下列方法来处理：①如果字符串内含有单引号，则需要将字符串放在双引号中间；②如果字符串内含有双引号，则需要将字符串放在单引号中间；③使用转义符\（反斜杠，backslash）；④在字符串引号前加字母 r，r 在这里表示 raw string，将不转义字符串内任何内容。

请看下面的示例。

code2.24.py

```
string1 = 'This is the slogan: "Life is short, we use
Python!"'
print(string1)
# 返回: This is the slogan: "Life is short, we use Python!"
```

```
string2 = "This is the slogan: 'Life is short, we use
Python!'"
print(string2)
# 返回：This is the slogan: 'Life is short, we use Python!'

# 如果字符串内含有引号，可以在字符串内的引号前加转义符\
string3 = "This is the slogan: \"Life is short, we use
Python!\""
print(string3)
# 返回：This is the slogan: "Life is short, we use Python!"

string4 = "This is the backslash\"
print(string4)
'''
上面的语句出错，主要错误提示：
SyntaxError: EOL while scanning string literal
即：\"表示将双引号"转义了，则没有与前面的双引号"匹配的双引号了。
'''

string5 = "This is the backslash\""
print(string5)    # 返回：This is the backslash"

string6 = "This is the backslash\\"
print(string6)    # 返回：This is the backslash\

string7 = r"This is the slogan: \"Life is short, we use
Python!\""
print(string7)    # 返回：This is the slogan: \"Life is short,
we use Python!\"

string8 = r"This is the backslash\\"
print(string8)    # 返回：This is the backslash\\
```

2.6.2 字符串下标

可以在字符串变量后面加[x:y]，*x, y* 为整数，称作下标，用来访问字符串。

字符串的下标从 0 开始，如 string[0]返回字符串 string 的第一个字符。

string[0:x]返回字符串 string 的第一个下标至第 *x*-1 个下标所包含的字符。

string[x:y]返回字符串 string 的第 *x* 个下标至第 *y*-1 个下标所包含的字符。

string[x:]返回字符串 string 的第 *x* 个下标至最后一个下标所包含的字符。

string[-1]返回字符串 string 的最后一个字符。

请看下面的示例。

code2.25.py

```
name = 'David Smith'
print(name[0])    # 'D'
print(name[0:5])    # 'David'
print(name[6:9])    # 'Smi'
print(name[6:])   # 'Smith'
print(name[-1])    # 'h'
print(name[-3:-1])    # 'it'
```

2.7 字符串运算

字符串运算主要涉及两个字符串相加和某个字符串重复 *n* 次。

string1 + string2：两个字符串相加。

string * n：将 string 字符串重复 *n* 次。

请看下面的示例。

code2.26.py

```
first_name = 'David'
last_name = 'Smith'
name1 = first_name + last_name
print(name1)    # 'DavidSmith'
```

```
name2 = first_name + ' ' + last_name    # 注意单引号中间有一个空格
print(name2)    # 'David Smith'

print(first_name * 2)    # 'DavidDavid'

print((first_name + ' ') * 2)   # 'David David'
```

2.8　字符串与数值的互换

数据处理时，需注意不要将字符串与数值混淆。我们可以使用函数 str()将数值转换成字符串，也可以使用函数 float()或 int()将字符串转换成数值。请看下面的示例。

code2.27.py

```
x = 5    # 整数数值
print(str(x))     # 返回字符串'5'

y = '6'    # 字符串
print(float(y))     # 返回浮点数值 6.0

print(y*x)     # 返回字符串'66666'

print(float(y)*x)     # 返回浮点数值 30.0
print(int(y)*x)     # 返回整数数值 30
```

2.9　常用字符串函数

2.9.1　长度和大小写相关的函数

Python 内置很多字符串处理相关的函数，本小节介绍长度和大小写相关的字符串函数，如表 2.3 所示。

表 2.3　Python 常用字符串处理函数

函数名称	注释
len (string)	计算某个字符串的长度，即所含字符的数目
string.lower ()	字符串字母全部小写
string.upper ()	字符串字母全部大写
string.capitalize ()	字符串第一个单词的首字母大写
string.title ()	字符串每个单词的首字母大写
string.swapcase ()	字符串字母大小写互换

请看如下代码。

code2.28.py

```
str1 = 'Life is short'
str2 = 'we use python'

print(len(str1))    # 13，注意，空格也占一个字符长度

print(str1.lower())    # life is short
print(str2.upper())    # WE USE PYTHON

print(str2.capitalize())    # We use python
print(str2.title())    # We Use Python
print(str1.swapcase())    # lIFE IS SHORT
```

2.9.2　删除空格的函数

本小节介绍删除字符串前后空格的函数。这些函数常用于清洁文本，如表 2.4 所示。

表 2.4　Python 删除字符串前后空格的函数

函数名称	注释
string.strip()	删除字符串前后的空格
string.lstrip()	删除字符串前的空格
string.rstrip()	删除字符串后的空格

请看如下代码。

code2.29.py

```
str1 = '  Life is short     '
print(str1.strip())    # 'Life is short'
print(str1.lstrip())    # 'Life is short     '
print(str1.rstrip())    # '  Life is short'
```

2.9.3　对字符串进行判断相关函数

本小节介绍对字符串进行判断的相关函数，如表 2.5 所示。这些函数返回布林值(Boolean) True 或者 False，因此，它们通常与 if 等条件句连用。

表 2.5　Python 字符串判断函数

函数名称	注释
string.startwith(x)	判断字符串是否以 x 字符开头
string.endwith(x)	判断字符串是否以 x 字符结尾
string.isalnum()	判断字符串是否全是字母和数字，并至少有一个字符
string.isalpha(x)	判断字符串是否全是字母，并至少有一个字符
string.isdigit(x)	判断字符串是否全是数字，并至少有一个字符
string.islower(x)	判断字符串的字母是否全是小写
string.isupper(x)	判断字符串的字母是否全是大写
string.istitle(x)	判断字符串每个单词的首字母是否都大写
string.isspace(x)	判断字符串是否全是空白字符，并至少有一个字符

请看如下代码。

code2.30.py

```
str1 = 'Life is short'
str2 = 'Year2013'

print(str1.startswith('L'))    # 返回 True，注意 Python 大小写敏感
print(str1.endswith('T'))    # 返回 False，注意 Python 大小写敏感
print(str1.isalnum())    # 返回 False，因为字符串中含有空格
print(str2.isalnum())    # 返回 True
print(str2.isdigit())    # 返回 False

print(str1.islower())    # 返回 False
print(str1.isupper())    # 返回 False
print(str1.istitle())    # 返回 False

str3 = 'Life Is Short'
print(str3.istitle())    # 返回 True

str4 = ''
str5 = ' '
print(str4.isspace())    # 返回 False
print(str5.isspace())    # 返回 True
```

2.10 练　　习

1. 假设有字符串“There's More Than One Way To Do It”：那么①计算该字符串的长度；②将该字符串变成大写，然后变成小写，最后变成首字母大写。

2. 假设有两个字符串：“Happy”和“Birthday”：如何将它们合并成一个字符串，要求合并后的字符串的两个单词之间用空格或制表符(\t)隔开。

3. 假设有字符串“To be or not to be”：那么①抽取该字符串的第 4 个字符开始到最后 1 个字符组成的字符串；②抽取该字符串的第 6 个字符开始的 6 个字符组成的字符串。

第 3 章　条件与循环

大多数情况下，当我们需要程序帮助我们完成较为复杂的任务时，我们可能需要控制程序在何种条件下运行或不运行某项任务；或者，我们可能需要程序遍历所有可能的情形并循环处理某项任务。在上述情形下，我们就需要使用条件语句和循环语句。

本章主要讨论条件和循环，最后介绍如何读写单个文本文件。

3.1　条 件 判 断

3.1.1　条件判断 if

在执行某个语句之前，我们可能需要对某个条件进行判断，并根据条件判断的结果来决定是否执行该语句。这时就需要使用条件判断 if。

条件判断 if 的基本句法为：

```
if <condition>:
    <statements>
```

如果<condition>条件为真，则执行<statements>；如果<condition>条件为假，则不执行<statements>，执行后面的代码。

注意句法格式：if <condition>语句末尾需要加冒号（:），而<statements>语句前需要加制表符(tab 键, \t)或多个空格(一般为 4 个空格)。

表 3.1 列举了常用的条件判断操作符。

表 3.1　Python 常用的条件判断操作符

操作符	条件
<	小于
>	大于
<=	小于等于

续表

操作符	条件
>=	大于等于
==	等于
!=	不等于

请看下面 if 条件句的示例。

code3.1.py

```
str1 =  'Life is short, we use Python.'
if len(str1) > 10:
      print('The string has more than 10 characters.')   #
返回结果打印此句话

str2 = 'Python'
if str2.startswith('p'):
     print(str2)
     # Python 大小写敏感，if 语句条件为假，所以不执行 print 语句。
```

3.1.2　条件判断 if...else

如果需要对某个条件及与之相反的其他条件进行条件判断，则需要使用 if...else 语句。

条件判断 if...else 的句法为：

```
if <condition>:
<statements>
else:
<other statements>
```

如果 if <condition>条件为真，则执行<statements>；如果<condition>条件为假，则不执行<statements>，执行后面的代码，即执行 else 后面的<other statements>语句代码。

注意句法格式：if <condition>语句末尾需要加冒号（:），而<statements>语句前需要加一个制表符(\t)或多个空格(一般为 4 个空格)。同样，else 语句末尾需要加冒号（:），而<other statements>语句前需要加一个制表符(\t)或多个空格(一般为 4 个空格)。

请看下面 if...else 条件句的示例。

code3.2.py

```
str1 = 'Life is short, we use Python.'
if len(str1) > 30:
      print('The string has more than 30 characters.')
else:
      print('The string has less than 30 characters.') # 返回结果打印此句话

str2 = 'Python'
if str2.startswith('p'):
      print('Yeah!')
else:
      print('Oh, no!')  # 返回结果打印此句话
```

3.1.3　条件判断 if...elif...else

如果需要对多个条件进行条件判断，则需要使用 if...elif...else 语句。

条件判断 if...elif...else 的句法如下：

```
if <condition1>:
<statements1>
elif <condition2>:
<statements2>
...
elif <condition3>:
<statements3>
else:
```

```
<other statements>
```

如果 if <condition1>条件为真，则执行<statements1>；如果<condition1>条件为假，则不执行<statements1>，执行后面的代码。继续判断 elif <condition2>，如果<statements2>条件为真，则执行<statements2>；如果<statements2>条件为假，则不执行<statements2>，直至所有 elif 语句结束。最后判断其他 else 条件，如果 else 条件为真，则执行<other statements>；如果 else 条件为假，则不执行<other statements>。

与 if...else 条件句句法格式类似，if <condition1>语句末尾需要加冒号（:），而<statements1>语句前主要加一个制表符(\t)或多个空格(一般为 4 个空格)。同样，elif <condition2>等语句末尾需要加冒号（:），<statements2>等语句前需要加一个制表符(\t)或多个空格(一般为 4 个空格)。else 语句末尾需要加冒号（:），而<other statements>语句前需要加一个制表符(\t)或多个空格(一般为 4 个空格)。

下面我们看一个 if...elif...else 条件判断句的例子。我们对单词进行词性赋码后，可能会出现类似'go_V'或'Python_N'的结果，即'单词_词性赋码'。下面的代码对某个单词赋码后的结果进行判断，判断该单词的词性。

code3.3.py

```
str1 = 'Python_N'

if str1.endswith('V'):
    print('This is a verb.')  # 不执行此语句
elif str1.endswith('N'):
    print('This is a noun.')  # 执行此语句，打印'This is a
noun.'
elif str1.endswith('A'):
    print('This is an adjective.')  # 不执行此语句
elif str1.endswith('R'):
    print('This is an adverb.')  # 不执行此语句
else:
    print('This is a function word')  # 不执行此语句
```

我们再看一个例子。在进行统计分析时，我们往往通过统计检验的 p 值来判断该检验结果是否具有统计学的显著意义。如果 p 值大于或等于 0.05，则该检验结果不具有统计学显著意义；如果 p 值小于 0.05，则该检验结果具有统计学显著意义。假设已知 p 值，要求编写的程序判断检验结果是否具有显著意义。请看下面的代码。

code3.4.py

```
print("Please type in the p value: ")
p = float(input())

if p >= .05:
      print("Not significant!")
else:
      print("Significant!")
```

上面代码中的 input()提示用户输入 p 值。由于输入的信息是字符串，所以我们利用 float()函数将之转换成浮点数值。然后通过 if 语句进行判断，如果大于或等于 0.05，程序打印“Not significant!”；否则，打印“Significant!”。如图 3.1 所示，如果我们输入.06，则打印“Not significant!”。

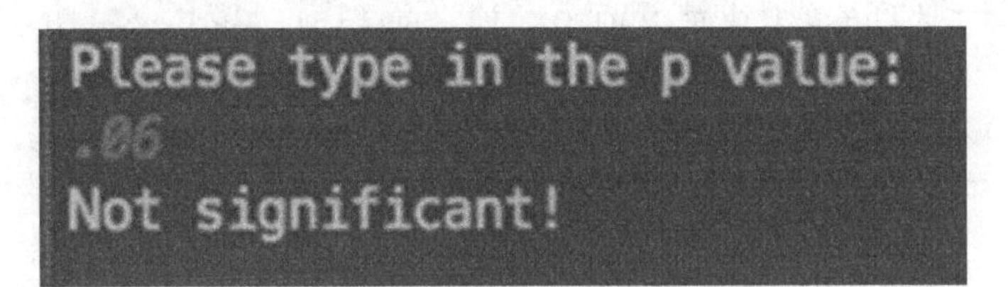

图 3.1　条件判断输出结果示例 1

下面我们来设计一个猜数字游戏。我们先随机生成 0～8 之间的一个整数，然后让用户输入一个数字，如果用户输入的数字大于随机生成的数字，则打印“The random number is bigger than yours!”；如果用户输入的数字小于随机生成的数字，则打印“The random number is smaller than yours!”；如果用户猜中了随机生成的数字，则打印“Good job!”。程序最后告诉用户随机数是多少。请看下面的代码。

code3.5.py

```
import random

# 生成 0 至 8 之间的随机数
number1 = random.randint(0, 8)

# 提示用户输入一个整数
print("Please type in an integer x: 0 <= x < 9.\n")

# 将用户输入的整数赋值给 number2
number2 = int(input())

if number1 == number2:
    print("Good job!\n")

elif number1 > number2:
    print("The random number is bigger than yours!\n")

else:
    print("The random number is smaller than yours!\n")

print("The random number is " + str(number1) + '.')
```

图 3.2 显示了我们执行上述代码的情形。由于每次生成的随机数不同，读者在执行代码时，可能结果与图中的结果不同。

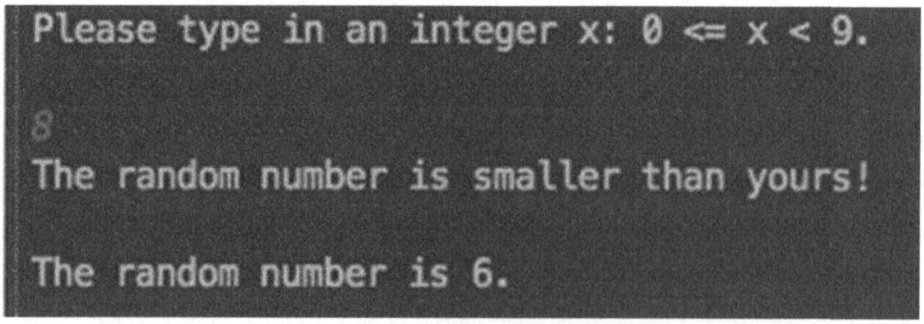

```
Please type in an integer x: 0 <= x < 9.

8
The random number is smaller than yours!

The random number is 6.
```

图 3.2　条件判断输出结果示例 2

3.2　while 循环

我们在编程时，可能需要重复执行某个语句，这就需要使用循环。如果需要对某个条件进行判断，以重复执行某个语句，则需要用到 while 循环。

while 循环判断某个条件，如果某条件为真，则重复循环执行某语句，否则不执行某语句。下面是 while 循环的基本句法。

```
while <condition>:
<statements>
```

如果 while 后面的<condition>条件为真，则循环不断地执行其后的<statements>，直至<condition>条件为假时，停止执行<statements>。

while 循环句的句法格式为，while <condition>语句末尾需要加冒号（:），<statements>语句前需要加制表符(\t)或多个空格(一般为 4 个空格)。

下面的代码用了 while 循环打印出 1 至 10 十个整数。

code3.6.py

```
i = 1

while i <= 10:
     print(i)
     i += 1
```

我们首先赋值 *i* 等于 1。while 循环的条件是 *i* 小于等于 10，只要 *i* 小于等于 10，就执行下面的打印 *i* 语句。第一次执行打印 *i* 语句，输出结果为 1。打印完成后，执行 *i* += 1，该语句等同于 $i = i + 1$，即将 *i* 的值加 1，此时 *i* 的值为 2。然后，再次执行 while *i* <= 10，由于 *i* 的值为 2，小于 10，于是再次执行打印 *i* 语句，然后再次执行 *i* += 1 语句。如此循环，打印出 1 至 10 十个整数。最后 *i* 等于 11 时，$i <= 10$ 条件为假，不再执行 while 循环下面的语句。

3.3　for...in 循环

如果我们需要针对某个序列(sequence)中的每一个元素重复执行某个语句，

则需要用到 for 循环。下面是 for...in 循环的基本句法。

```
for i in <sequence>:
<statements>
```

在 for...in 循环中，<sequence>为某个序列，如某个字符串或某个列表，*i* 为变量名，指代<sequence>序列中的每个元素。变量名 *i* 可以用其他便于记忆的任意变量名取代。for...in 循环表示，对于<sequence>序列中的每一个元素，执行下面<statements>语句。<sequence>序列可以为某个字符串、列表、元组等，该语句也常用于语料库数据处理时对语料库文本的逐行读取。

for...in 循环语句的句法格式为，for...in <sequence>语句末尾需要加冒号（:），<statements>语句前需要加一个制表符(\t)或多个空格(一般为 4 个空格)。

下面我们看一个利用 for...in 循环读取某字符串的例子。假设有某个字符串，我们需要打印出该字符串中的每一个字符，下面的代码将完成此任务。首先将'Python'字符串赋值给 word 变量。然后利用 for...in 循环语句，打印出 word 变量，即'Python'字符串的每一个字符。

code3.7.py

```
word = 'Python'
for letter in word:
        print(letter)
```

再看下面的例子。假设我们需要将某字符串中每个字母大写打印，请看下面的代码：首先将'Python'字符串赋值给 word 变量；其次利用 for...in 循环语句，提取出 word 变量('Python'字符串)的每个字符；再次通过 letter.upper()将之变成大写；最后打印出来。

code3.8.py

```
word = 'Python'
for letter in word:
        print(letter.upper())
```

我们再看一个例子。假设某校 2011 级同学的学号为 A2011001、A2011002、

A2011003…流水号。我们现在需要打印出该流水号的前 100 个学号。请看下面的代码。代码有两点需要解释：一是 range(start, end)，生成一个大于等于 start，小于 end（不包含 end)的整数序列，即从 2011001 到 2011100 的列表；二是字符串与数值不能直接相加，所以需要利用 str()函数将列表中的元素转换成字符串，然后再与 prefix 字符串相加。

code3.9.py

```
prefix = "A"
start = 2011001
end = 2011101

for i in range(start, end):
        print(prefix + str(i))
```

3.4　读写单个文本

3.4.1　读取单个文本

语料库数据大多为文本文件。在进行语料库数据处理时，首先要对文本进行读取。读取文本需要使用 open()函数。open()函数读取文本的基本句法如下。

```
file_handle = open("file_name", "r")

file_handle.close()
```

open()函数有多个参数。open()函数的第一个参数是目标文本的路径和文件名，文件名可以是绝对地址路径或相对地址路径；第二个参数是"r"，表示读取文本(read)。我们通常将 open()函数读取的内容赋值给一个文件句柄(file handle)，文件句柄可以使用任何便于记忆的变量名。最后，close()函数关闭文件句柄。请看下面的示例。

code3.10.py

```
file_in = open("/Users/leo/PyCorpus/texts/ge.txt", "r")
```

```
for line in file_in:
    print(line)
file_in.close()
```

上面代码的第一行，使用 open() 函数读取文本“ge.txt”[①]，文本放置在“/Users/leo/PyCorpus/texts/”[②]文件夹中，所以这里使用绝对地址路径。如果上述代码放置在与"ge.txt"文本相同的文件夹中，则可用相对地址路径，将 open() 函数简化成 open(“./ge.txt”，“r”)。然后，将 open() 函数读取的文件句柄赋值给 file_in 变量。接下来，利用 for...in 循环，对读取的文件进行逐行打印输出。请注意，这里“逐行打印”中的“行”，指的是按换行符(“\n”或“\r”)分割的“自然段”。最后，用 file_in.close() 语句关闭文件句柄。

如果读取的文本较大，为节省内存、提高读取效率，也可以在句柄后使用 readlines() 函数[③]，该函数将文本读取成一个列表，列表的每个元素是文本的一行(“自然段”)构成的字符串。因此上面的代码也可以写成：

code3.11.py

```
file_in = open("/Users/leo/PyCorpus/texts/ge.txt", "r")
for line in file_in.readlines():
    print(line)
file_in.close()
```

3.4.2 写出单个文本

我们将文本或其他语料进行处理后，可能需要将处理结果写成文本文件，并保存到硬盘。写出并保存文本依然使用 open() 函数。open() 函数写出文本的基本句法有如下两种格式。

---

① “ge.txt”文本是从 The Project Gutenberg 网站(http://www.gutenberg.org/ebooks/1400)下载的 Charles Dickens 小说 Great Expectations 的文本。我们将文本开头和末尾的 The Project Gutenberg 的相关说明删除，只保留了小说正文。

② 这里使用的是 Mac OS 和 Linux 系统中的路径地址。如果读者使用的是微软 Windows 系统，假设 ge.txt 文本放在 C 盘 PyCorpus 文件夹中，则上述路径地址可以写成：r"C:/PyCorpus/texts/ge.txt"。读者可以根据自己采用的操作系统和文件路径做相应修改。

③ 也可以使用 readline() 函数，但较之 readlines() 函数，readline() 函数读取速度较慢，因此，推荐使用 readlines() 函数。

格式一：

```
file_handle = open("file_name", "w")

file_handle.write(contents)

file_handle.close()
```

格式二：

```
file_handle = open("file_name", "a")

file_handle.write(contents)

file_handle.close()
```

open()函数写出文本的第一个参数是写出文本的路径和文本名，同样可以用绝对路径或相对路径。与读取文本不同的是，open()函数写出文本的第二个参数可以是"w"或"a"。如果需要新建一个文本写出，则需要用"w(write)"。请注意，如果该文本原本就存在，而使用"w"来写出，则原文本的内容将被删除并被新写入的内容取代。如果需要在原本就存在的一个文本中追加写入内容，或者需要反复在新建文本中追加写入内容，则需要用"a（append)"。也就是说，"a" 不会删除原文本的内容，而是将需要新写入的内容追加写入原文本内容的末尾。然后，利用 write()函数写出内容，write()函数的参数 contents 为需要写出的内容(一般为字符串)。最后，利用 close()函数关闭文件句柄。

我们来看一个例子。假设我们需要将 ge.txt 文本中的文字全部更改成小写，并保存为一个新文件，文件名为 ge_lower.txt。请看下面的示例。

code3.12.py

```
file_in = open("/Users/leo/PyCorpus/texts/ge.txt", "r")
file_out = open("/Users/leo/PyCorpus/texts/ge_lower.txt",
"a")

for line in file_in.readlines():
```

```
    line_new = line.lower()
    file_out.write(line_new)

file_in.close()
file_out.close()
```

代码第一行读取文本 ge.txt。第二行代码新建了一个准备追加写出的文件 ge_lower.txt，并将之赋值给文件句柄 file_out。然后，利用 for...in 循环逐行读入 ge.txt 文本。line_new = line.lower()中，利用 lower()函数将逐行读入的句子小写，并赋值给变量 line_new。file_out.write(line_new)逐行写出 line_new 到 file_out 句柄，即 ge_lower.txt 文本中。最后两行代码，关闭两个文件句柄。

我们再看一个例子。我们将 1 至 10 十个数字输出到文本 numbers.txt 中，每个数字独占一行。代码中有两点值得注意的地方：一是输出的文本一般为字符串，不能为数值，因此我们需要利用 str()函数将每个数值转换成字符串；二是'\n'表示换行符，将换行符加在每个数字字符串后面，以使输出的每个数字独占一行。读者可以尝试将“out = str(i) + '\n'”语句替换成“out = str(i)”或“out = str(i) + '\t'”，看看结果有什么不同。

code3.13.py

```
numbers = range(1,11)
file_out = open("/Users/leo/PyCorpus/texts/numbers.txt",
"a")

for i in numbers:
    out = str(i) + '\n'
    file_out.write(out)

file_out.close()
```

3.5 练　　习

1. 写代码计算 1 至 10 十个整数的平方，并打印结果。

2. 写代码计算 1 至 10 十个整数的平方：如果平方的结果大于或等于 50，保存到 sq_50.txt 中；如果平方的结果小于 50，保存到 sq_49.txt 中。

3. 写代码，读取 ge.txt 文本，将文本中所有句子转换成全文大写，然后保存到 ge_upper.txt 文本中。

4. 写代码，读取 ge.txt 文本，将文本中超过 60 个字符的句子保存到 ge_long.txt 文本中。

第 4 章　列表和元组

4.1　列　　表

4.1.1　列表的概念

列表(List)是一个序列对象，是一个或多个数据的集合。比如，一个列表可以包含一个或多个字符串或数值元素；一个列表也可以包含一个或多个列表或元组等元素。列表的数据是可变的(mutable)，也就是说，列表的元素可以增加、修改、删除等。

我们通常将列表的元素置于方括号中，比如列表['We', 'use', 'Python']由三个字符串元素组成，而列表[1, 2, 3, 4, 5]由五个整数数字元素组成。

range(*x, y*)函数生成从 *x* 到 *y*-1 构成的整数列表。比如 range(1, 6)生成列表[1, 2, 3, 4, 5]。请看下面的代码示例。

code4.1.py

```
list1 = range(1, 6)
for i in list1:
      print(i, '*', i, '=', i * i)
```

上面代码的第一行由 range(1, 6)生成列表[1, 2, 3, 4, 5]，并将之赋值给变量 list1。第二行利用 for...in 循环逐个读取列表中的元素，然后进行打印。值得注意的是，最后一行的 print()函数有五个参数，它们之间由逗号隔开。当用逗号连接 print()函数的参数时，其打印结果自动在参数间添加空格。上述代码的结果如下：

```
1 * 1 = 1
2 * 2 = 4
3 * 3 = 9
4 * 4 = 16
```

```
5 * 5 = 25
```

4.1.2　列表下标

与字符串下标类似，我们可以在列表变量后面加[x:y]，*x*，*y* 为整数，以访问列表元素。列表下标从 0 开始，如 list[0]返回列表 list 的第一个元素。

list[0:x]返回列表 list 的第一个至第 *x*-1 个元素。

list[x:y]返回列表 list 的第 *x* 个至第 *y*-1 个元素。

list[x:]返回列表 list 的第 *x* 个至最后一个元素。

list[-1]返回列表 list 的最后一个元素。

我们来看下面的范例。

code4.2.py

```
list1 = range(1, 6)
print(list1[0])   # 1
print(list1[-1])  # 5
for i in list1[0:2]:
    print(i)      # print 1 and 2
```

4.2　列表与字符串的相互转换

在进行数据处理时，我们经常需要对列表数据和字符串数据进行相互转换。本小节我们讨论列表和字符串数据相互转换的常用函数。

4.2.1　split()

如果需要将字符串转换成列表，可以使用 split() 函数，其基本句法为：

```
string.split()
```

split() 默认按字符串中的空格对字符串进行切分，并将该字符串转换成一个列表。我们也可以根据数据处理需要，改变 split() 的默认参数，如 split('-') 则将字符串根据“'-'”进行切分。请看下面的示例。

code4.3.py

```
str1 = '  Life is'
print(str1.split())    # ['Life', 'is']

str2 = '2013-10-06'
print(str2.split('-'))    # ['2013', '10', '06']
```

上面代码第一行将字符串赋值给 str1 变量。第二行按空格将字符串切分成由两个元素构成的列表，打印结果为['Life', 'is']。代码第三行的字符串中有“-”，所以第四行中使用 split('-')，以将该字符串按“'-'”进行切分，打印结果为列表['2013', '10', '06']。

4.2.2 join()

如果需要将列表转换成字符串，可以使用 join() 函数，其基本句法如下。

```
'x'.join(list)
```

join() 函数将列表元素合并成一个字符串，其中 x 为连接字符串元素的字符。请看下面的示例。

code4.4.py

```
list1 = ['Life', 'is', 'short']
print(''.join(list1)) # Lifeisshort
print(' '.join(list1))  # Life is short
print('--'.join(list1))  # Life--is--short
```

上面代码第一行将一个由三个字符串构成的列表赋值给 list1 变量。第二行按“''(没有任何字符)”来合并列表元素，所以合并后的字符串中间没有任何字符，结果为'Lifeisshort'。第三行按“' '(一个空格字符)”来合并列表元素，结果为'Life is short'，合并后的字符串之间有一个空格。第四行按“'--'”来合并 list1 列表元素，结果为'Life--is--short'。

4.2.3　list()

list()函数也可以将字符串转换成列表。请看下面的示例。

code4.5.py

```
string = "Python"
print(list(string))
```

上面代码第一行将"Python"字符串赋值给 string 变量。第二行利用 list()函数将字符串转换成列表，其打印结果为：['P', 'y', 't', 'h', 'o', 'n']。

4.3　常用列表函数

本小节我们介绍几个在语料库数据处理时常用的列表相关函数。

4.3.1　len()

第 3 章介绍过 len()函数可以计算字符串的长度，即计算一个字符串中包含字符的数目。len()函数也可以计算列表的长度，即计算一个列表中包含元素的数目。

假设有一段文本(如 Great Expectations 正文的第一段话)，我们想知道这段文本有多少个单词。请看下面的代码。

code4.6.py

```
str1 = '''My father's family name being Pirrip, and my
Christian name Philip, my infant tongue could make of both
names nothing longer or more explicit than Pip. So, I
called myself Pip, and came to be called Pip.'''

list1 = str1.split()
print(len(list1))   # 37
```

上面代码第一行将字符串(Great Expectations 正文的第一段话)赋值给变量 str1。第二行利用 split()函数按空格将字符串进行切分，生成列表 list1。第三行计算列表的长度，打印结果为 37。

4.3.2　append()

append()函数可以对某个列表增加新的元素。新增的元素置于列表的末尾位置。

我们来看一个范例。假设我们现在需要将一个文本(如一首诗)的每一行前面加上一个流水序号。解决此问题的一个可能算法是，将诗文本读入一个列表中。该列表的第一个元素是诗的第一行，其下标为 0；列表的第二个元素是诗的第二行，其下标为 1；余类推。因此，每一行前面所加的序号实际上是该列表元素下标数值+1，最后一行的序号是列表长度数值。请看下面的代码。

code4.7.py

```
1     # add_line_number.py
2     # this is to add a line number to each line of a text
3
4     file_in = open("/Users/leo/PyCorpus/texts/poem.txt", "r")
5     file_out = open("/Users/leo/PyCorpus/texts/poem2.txt",
"a")
6
7     list0 = []
8
9     for line in file_in.readlines():
10              list0.append(line)
11
12    list0_max = len(list0)
13
14    i = 0
15
16    for line in list0:
17          if i < list0_max:
18                line_out = str(i + 1) + '\t' + line
19                file_out.write(line_out)
20                i = i + 1
21
```

```
22    file_in.close()
23    file_out.close()
```

上面代码的第一二行为注释。第四行打开读入诗文本的文件句柄，第五行打开写出加了行序号诗文本的文件句柄。第七到十行，将诗读入 list0 列表中，诗的一行即为列表的一个元素。第十二行计算 list0 的长度，即一共有多少行诗。第十四到二十行将每行前加序号，并写出。其中，第十六行循环读出诗行；第十七行为 if 条件句，如果 *i* 值小于总行数，则执行下面第十八到二十行语句。第十八行将输出的 '序号+制表符+诗行' 赋值给 line_out 变量。这里需要注意两点：① *i*+1 为序号(第十四行将 *i* 的初始值赋值为 0，所以需要加 1)，此为整数数据类型，不能与后面的字符串数据'制表符+诗行'直接相加，因此需要运用 str() 函数将 *i*+1 整数数据转换成字符串数据；② '\t'表示制表符。第十九行写出 line_out 变量。第二十行将 *i* 值由当前值加 1，其原因在于，我们需要加流水序号，每循环一次后其数值都要加 1。下面是代码运行后的结果。

```
1     Now let us praise the Guardian of the Kingdom of Heaven
2     the might of the Creator and the thought of his mind,
3     the work of the glorious Father, how He, the eternal
Lord
4     established the beginning of every wonder.
5     For the sons of men, He, the Holy Creator
6     first made heaven as a roof, then the
7     Keeper of mankind, the eternal Lord
8     God Almighty afterwards made the middle world
9     the earth, for men.
10    --(Caedmon, Hymn, St Petersburg Bede)
```

我们再来看一个例子。假设我们想对 Great Expectations 正文第一段话的文本单词进行判断，挑选出长度大于或等于 6 的单词。请看下面的代码。

code4.8.py

```
str1 = '''My father's family name being Pirrip, and my
```

```
Christian name Philip, my infant tongue could make of both
names nothing longer or more explicit than Pip. So, I
called myself Pip, and came to be called Pip.'''
list1 = str1.split()
list2 = []
for word in list1:
    if len(word) >= 6:
          list2.append(word)
print(list2)
```

上面代码第一行将字符串赋值给变量 str1。第二行将字符串进行切分，生成列表 list1。第三行将一个空列表赋值给 list2 变量。第四行和第五行对 list1 列表中的元素逐个循环，以判断元素长度是否大于等于 6，如果满足该条件，则执行第六行，即将该元素加入 list2 列表的末尾。最后一行打印 list2 的结果，结果为 ["father's", 'family', 'Pirrip,', 'Christian', 'Philip,', 'infant', 'tongue', 'nothing', 'longer', 'explicit', 'called', 'myself', 'called']。

4.3.3 set()

上面例子返回的结果中，我们发现有两个'called'。假设一个列表的元素有重复元素，如何删除重复元素呢？我们可以用 set() 函数。set() 函数就是将一个列表转换成一个没有重复元素的集合。请看下面的示例。

code4.9.py

```
list3 = ['a', 'c', 'b', 'b', 'a']
print(set(list3))
print(list(set(list3)))
```

上面代码第一行列表有五个元素，其中'a'和'b'均重复了两次。第二行利用 set() 函数将列表转成集合，打印结果为 set(['a', 'c', 'b'])[①]。我们发现，虽然没有了重复元素，但结果是集合，也不是列表。因此，第三行，再利用 list() 函数将集合转换成列表，即 list(set(list3))，打印结果为['a', 'c', 'b']。

下面的方法也可以排除列表中的重复元素。

① 在 Python 3.x 版本中打印的结果为{'c', 'a', 'b'}。

code4.10.py

```
list3 = ['a', 'c', 'b', 'b', 'a']
list4 = []
for i in list3:
    if i not in list4:
        list4.append(i)
print(list4)
```

上面代码中，list4 = []表示建立一个空列表。然后，对 list3 列表的元素进行循环遍历。如果 list3 列表元素不在 list4 中(if i not in list4)，则将之新增到 list4 中(list4.append(i))。如果有重复元素，由于该重复元素已经新增到 list4，则不会被再次增加到 list4 中，从而保证了 list4 中没有重复元素。最后打印的结果为['a', 'c', 'b']。

4.3.4　pop()

pop()函数与 append()函数功能相反，它表示删除列表中的最后一个元素。请看下面的示例。

code4.11.py

```
list3 = ['a', 'c', 'b', 'b', 'a']
list3.pop()
print(list3)  # ['a', 'c', 'b', 'b']
list3.pop()
print(list3)  # ['a', 'c', 'b']
```

上面代码的第二行删除 list3 列表的最后一个元素，因此，第三行打印结果为['a', 'c', 'b', 'b']。第四行再次删除 list3 列表的最后一个元素，因此，第五行打印结果为['a', 'c', 'b']。

4.3.5　sorted()

sorted()函数可以对列表元素进行排序。下面的例子是对一组数字进行排序，打印结果为[1, 5, 8, 12]。

code4.12.py

```
list3 = [12, 1, 8, 5]
print(sorted(list3))  # [1, 5, 8, 12]
```

如果列表的元素是字符串，那么使用 sorted()函数对列表元素排序，会是什么样的结果？请看下面的例子。

code4.13.py

```
list4 = ['a', 'BB', 'Aa', 'ba', 'c', 'A', 'Cb', 'b', 'CC']
print(sorted(list4))
# ['A', 'Aa', 'BB', 'CC', 'Cb', 'a', 'b', 'ba', 'c']
```

打印结果为['A', 'Aa', 'BB', 'CC', 'Cb', 'a', 'b', 'ba', 'c']。由于 Python 对大小写敏感，大写字母排序在前，小写字母排序在后，因此，打印结果将大写字母开头的字符串元素排序在前，而将小写字母开头的字符串元素排序在后。

如果需要忽略字符串元素的大小写，完全按照字母顺序进行排序，则需要在 sorted()函数中设置参数 key = str.lower，即将字符串元素看成小写。下面的范例中，打印结果为['a', 'A', 'Aa', 'b', 'ba', 'BB', 'c', 'Cb', 'CC']。

code4.14.py

```
list4 = ['a', 'BB', 'Aa', 'ba', 'c', 'A', 'Cb', 'b', 'CC']
print(sorted(list4, key = str.lower))
# ['a', 'A', 'Aa', 'b', 'ba', 'BB', 'c', 'Cb', 'CC']
```

如果需要按照字符串元素的长度进行排序，则需要在 sorted()函数中设置参数 key = len。下面的例子打印结果为['a', 'A', 'b', 'Aa', 'ba', 'CC', 'BBB']。

code4.15.py

```
list4 = ['a', 'BBB', 'Aa', 'ba', 'A', 'b', 'CC']
print(sorted(list4, key = len))
```

```
# ['a', 'A', 'b', 'Aa', 'ba', 'CC', 'BBB']
```

如果需要对列表元素进行逆序排序，则需要在 sorted()函数中设置参数 reverse = True。下面的范例中，第一次打印结果为[12, 8, 5, 1]，第二次打印结果为['CC', 'Cb', 'c', 'BB', 'ba', 'b', 'Aa', 'a', 'A']。

code4.16.py

```
list3 = [1, 5, 8, 12]
print(sorted(list3, reverse = True))
# [12, 8, 5, 1]

list4 = ['a', 'BB', 'Aa', 'ba', 'c', 'A', 'Cb', 'b', 'CC']
print(sorted(list4, key = str.lower, reverse = True))
# ['CC', 'Cb', 'c', 'BB', 'ba', 'b', 'Aa', 'a', 'A']
```

4.3.6　count()

count()函数对列表中某个元素出现的频次进行计数，其返回结果为某元素在列表中出现的频次。下面的示例统计'a'在列表中出现的频次，返回结果为 2。

code4.17.py

```
list3 = ['a', 'c', 'b', 'b', 'a']
print(list3.count('a'))
```

我们再来看一个范例。假设有一个 list4 为['a', 'c', 'b', 'b', 'a', 'a', 'd']。请编写代码，计算 list4 每个元素出现的频次，并打印出结果。要求结果以 list4 元素按字母排序，按'元素 + \t + 频次'格式打印。代码如下。

code4.18.py

```
list4 = ['a', 'c', 'b', 'b', 'a', 'a', 'd']
list5 = list(set(list4))
for i in sorted(list5):
```

```
    print(i, '\t', list4.count(i))
```

第一行将列表命名为 list4。第二行首先利用 set()函数删除 list4 列表的重复元素，然后再利用 list()函数将之转换成列表。第三行将字母排序后的 list5 列表的每个元素进行循环。最后，第四行打印结果。打印结果如下。

```
a       3
b       2
c       1
d       1
```

4.4　列表相关文本处理实例

本小节我们通过三个实例来讲解如何将列表运用于文本数据处理。

4.4.1　制作词表 1

写代码制作一个基于 ge.txt 文本的按字母顺序排序的单词表。要完成此任务，可进行如下操作：①逐行读取文本，将每行字符串全部转换成小写，并按空格对字符串进行切分，将之转换成一个单词列表(list1)；②将列表(list1)元素写入一个空列表(list0)；③重复上述第一和第二步，直至将文本的所有单词都写入列表 list0 中；④删除 list0 列表中的重复项，并存为一个新列表(list2)；⑤对 list2 列表中的元素按照字母顺序排序，并存为一个新列表(list3)；⑥将 list3 列表中的元素全部写出到 ge_wordlist.txt 中。

参考代码如下。

code4.19.py

```
# wordlist1.py

file_in = open("/Users/leo/PyCorpus/texts/ge.txt", "r")
file_out = open("/Users/leo/PyCorpus/texts/ge_wordlist.txt",
"a")
```

```
list0 = []    # an empty list to store all words

for line in file_in.readlines():  # read in all lines of
the text
    line_new = line.lower()       # change line into lower
case
    list1 = line_new.split()       # split the line into
words by space
    for word in list1:
        list0.append(word)          # append the words
into list0

list2 = list(set(list0))           # delete repetitions of
list0

list3 = sorted(list2, key=str.lower)  # alphabeticall sort
list2

for word in list3:
    file_out.write(word + '\n')    # write out the words

file_in.close()
file_out.close()
```

本例是对词表制作的初步尝试。读者会发现，其结果并不尽如人意，如含有很多诸如“(mr.” “accurate;”等字符串。也就是说，结果处理并不干净。后面的章节我们会继续讨论词表制作的话题。

4.4.2　颠倒单词字母顺序(回文词)

将单词字母的顺序颠倒，可以构成该单词的回文词(Anagram)，比如单词“word”的回文词为“drow”。如何通过 Python 来实现打印单词的回文词呢?

解决此问题的一个算法是，从单词最后一个字母开始，逆序抽取单词字母，并将逆序字母储存到一个列表中，最后再将列表转换成单词。请看下面的代码。其中的难点是如何逆序逐个抽取单词的字母。我们第 3 章讨论过，可以通过字符串下标来提取字符串的字符。字符串第一个字符的下标为 0，最后一个字符的下标为字符串长度减 1，倒数第二个字符的下标为字符串长度减 1 后再减 1，以此类推。获取单词每个字母的下标后，我们就可以逆序抽取单词的字母了。

code4.20.py

```
w = "word"
w_length = len(w)   # length of the word
index_end = w_length - 1  # length minus 1, i.e. index of
the word' last letter

w_new = []

i = index_end
while i >= 0:
    w_new.append(w[i])  # write the last letter into the
w_new list
    i = i - 1                    # index of the word's last
letter but 1

print(''.join(w_new))
```

4.4.3　删除文本中的空段落

我们在处理语料库数据时，经常需要对文本进行清洁处理。文本清洁处理的一个重要步骤，是对文本中没有任何字母、数字或标点等字符的行或自然段进行删除。

ge.txt 文本中有很多空段落，这些段落或者仅有换行符，或者仅有空白或制表符等字符。下面的代码将文本中的空段落删除，并另存为一个 ge_compact.txt 文本。我们可以用第 2 章讨论过的 isspace()函数来判断一个字符串是否仅由换行符、空白或制表符等字符组成。

code4.21.py

```
file_in = open("/Users/leo/PyCorpus/texts/ge.txt", "r")
```

```
file_out = open("/Users/leo/PyCorpus/texts/ge_compact.txt",
"a")

for line in file_in.readlines():
    if not line.isspace():
        file_out.write(line)

file_in.close()
file_out.close()
```

4.5 元 组

前面讨论过，列表是可变(mutable)序列，我们可以修改、增减列表内容。元组(tuple)具有很多与列表类似的属性，比如，元组与列表的定义方式相同，而且也是按所定义的次序排序的；元组的下标访问方式与列表相同，也是第一个元素的下标为 0，最后一个元素的下标为-1。但是，元组是不可变(immutable)序列，或者说，我们可以将元组看成是不可变的列表。因此，一旦创建了一个元组，其内容是不可变的。由于元组的不可变性，元组也就不能使用 append()、pop()等函数。元组与列表的另一个不同之处在于，元组用圆括号（()）而不是方括号([])来定义。另外，元组的数据处理速度比列表快，因此，如果需要定义一个不可变序列，那么最好使用元组而不是列表。总之，我们可以将元组看成是不可变的列表，将列表看成是可变的元组。

我们看下面的范例。代码第一行定义一个由三个整数构成的元组。第二三行对元组元素进行访问并打印。

code4.22.py

```
tup1 = (1, 2, 3)
for i in tup1:
    print(i)
```

我们再来看一个范例。代码第一行定义一个由三个字符串构成的元组。第二行对元组元素进行下标访问并打印。打印结果为('c', 'a')。

code4.23.py

```
tup2 = ('c', 'b', 'a')
print(tup2[0], tup2[-1])
```

我们来看第三个范例。下面的代码使用 in 来查看一个元素('Julia')是否存在于元组中，如果是则打印。打印结果为'Julia is in the tuple'。

code4.24.py

```
tup3 = ('Mary', 'Tom', 'Julia', 'Michael')
if 'Julia' in tup3:
    print('Julia is in the tuple.')
```

另外，我们可以利用 tuple() 函数将列表转换成元组，也可以利用 list() 函数将元组转换成列表。请看下面的示例。代码第三行的打印结果为['Mary', 'Tom', 'Julia', 'Michael']，第四行的打印结果为('Mary', 'Tom', 'Julia', 'Michael')。

code4.25.py

```
tup3 = ('Mary', 'Tom', 'Julia', 'Michael')
list1 = list(tup3)
print(list1)
print(tuple(list1))
```

4.6 练　　习

1. 写代码对 ge.txt 文本进行如下操作：①将文本转换成由文本中的单词组成的列表(list1)；②将列表(list1)中的单词全部变成大写，并存储到另一个列表(list2)中；③排除列表(list1)中元素的重复项，并存储到另一个列表(list3)中；④将列表(list3)中的单词按照字母顺序进行排序；⑤将列表(list3)中的单词按照单词长度进行逆序排序；⑥将列表(list1)中以字母 t 开头的单词存储到另一个列表(list4)中。

2. 读取 4.4.1 小节生成 ge_wordlist.txt 词表文件，完成下列两个任务：①计算词表中每个单词的长度，输出计算结果，每行输出结果的格式为：单词 + 制表符(\t) + 词长；②计算词表中所有单词的平均长度。

3. 读取 4.4.1 小节生成 ge_wordlist.txt 词表文件，计算每个单词的长度：将长度小于 15 的单词存入 short_words.txt 文本文件，将长度大于等于 15 的单词存入 long_words.txt 文本文件。要求存入文本的每个单词后面加上该单词的长度(单词 + 制表符(\t) + 词长)。

4. 读取 4.4.1 小节生成的 ge_wordlist.txt 词表文件，将词表中每个单词的字母顺序颠倒构成回文词，并将结果保存到 reversed_words.txt 文本中。

第 5 章　正则表达式

5.1　正则表达式的概念

正则表达式(regular expression)是用来进行较复杂文本处理，特别是复杂的查找或替换处理的计算机语言。我们在进行计算机编程或者文本处理时，通常需要进行一些文本的查找、替换。如果查找或替换的工作比较复杂，就需要借助正则表达式来完成。又如，我们需要对文本进行清洁处理或者提取文本的特定信息时，往往也需要使用正则表达式。因此，正则表达式在语料库语言学或计算语言学研究中使用非常广泛。

下面的文本节选自 FROWN 语料库。如果我们需要搜索某个字符或字符串(单词)，如字符 i 或者字符串 in，则只需在文本阅读器的查找中输入 in，即可查找到。但如果我们需要进行更复杂的搜索，如搜索出所有带字符 i 或者字符串 in 的单词，或者需要搜索所有以-ing 或-ed 结尾的单词时，一般搜索则无能为力，就需要使用正则表达式来实现。

```
A01  17 <p_>The bill was immediately sent to the House,
which voted 308-114
A01  18 for the override, 26 more than needed. A cheer went
up as the House
A01  19 vote was tallied, ending Bush's string of successful
vetoes at
A01  20 35.<p/>
A01  21 <p_>Among those voting to override in the Senate was
Democratic
A01  22 vice presidential nominee Al Gore, a co-author of
the bill. He then
A01  23 left the chamber to join Democratic presidential
nominee Bill
```

```
A01  24 Clinton on 'Larry King Live' on CNN.<p/>
```

又如，下面的文本节选自 BROWN 语料库。该文本将每个单词都进行了词性赋码，如“/at”表示“/”前面的单词为介词，“/np”表示“/”前面的单词为专有名词，“/nns”表示“/”前面的单词为名词复数，“/v”表示“/”前面的单词为动词。如何一次检索所有名词？如何一次检索所有动词？如何一次删除所有词性赋码(文本清洁处理)？如果借助正则表达式，上述这些工作都可轻松完成。

```
The/at marriage/nn of/in John/np and/cc Mary/np Black/np
had/hvd clearly/rb reached/vbn the/at breaking/vbg point/nn
after/in eight/cd years/nns ./.
```

在 Python 中使用正则表达式需要引入 re 模块，引入 re 模块需要使用 import re 语句。在引入 re 模块后，即可通过下列方法来使用正则表达式。

re 模块常用的方法有 re.search()、re.findall()和 re.sub()等。

1. re.search()

re.search()方法的基本句法格式如下。pattern 为正则表达式，string 为需要检索的字符串。re.search()方法用来检索某个字符串，并返回与正则表达式匹配的第一个结果。

```
re.search(pattern, string)
```

2. re.findall()

re.findall()方法的基本句法格式如下。pattern 为正则表达式，string 为需要检索的字符串。re.findall()检索某个字符串，与 re.search()不同的是，它返回一个列表，列表中包含与表达式匹配的所有结果。

```
re.findall(pattern, string)
```

3. re.sub()

re.sub()方法的基本句法格式如下。pattern 为正则表达式，replacement 为需要替换的内容，string 为需要检索的字符串。re.sub()检索某个字符串(string)，并将字符串中与所有表达式(pattern)匹配的内容都进行替换(replacement)。

```
re.sub(pattern, replacement, string)
```

5.2 普通字符

所有的字母、数字、没有特殊意义的符号(如下划线“_”等)都是普通字符(literals)。在正则表达式中，一个普通字符匹配一个与之相对应的字符。

书写正则表达式时，需要注意两点：一是必须首先引入 re 模块(import re)；二是将表达式放在引号中间，引号前一般加字母 r，r 表示后面书写的内容是 raw string，以避免转义字符等的转义。

我们来看一个例子。例子中有三个表达式对字符串'abcdbcdcd'进行检索。第一个表达式'abc'在字符串'abcdbcdcd'中可以匹配到一个结果，即'abcdbcdcd'的第一至三个字符。表达式'bc'在字符串中可以匹配到两个结果，即匹配第二至第三个字符和第五至第六个字符。表达式'cdd'则不能匹配成功，返回一个空的列表。

code5.1.py

```
import re
string = 'abcdbcdcd'

# 注意：表达式前一般加字母 r，表示是 raw string
print(re.findall(r'abc', string))    # ['abc']
print(re.findall(r'bc', string))    # ['bc', 'bc']
print(re.findall(r'cdd', string))    # []
```

5.3 元 字 符

元字符(Metacharacters)或称做转义字符，是具有特殊意义的一些字符。它们具有一定的特殊意义，能够匹配某些具有特殊意义的字符。需要注意的是，一个元字符只能匹配一个字符。常用转义字符如表 5.1 所示。

表 5.1　常用转义字符

字符	注释
.	匹配所有字母、数字、空白和除换行符以外的任意字符
\w	匹配任意字母或数字或下划线
\s	匹配任意空白
\d	匹配任意数字
\W	匹配非字母和非数字字符(不匹配下划线)
\S	匹配非空白
\D	匹配非数字
\b	匹配单词的开始或结束

我们来看下面的范例。

code5.2.py

```
import re
string = 'His phone number is 12345678.'
print(re.findall(r'.', string))    # ['H', 'i', 's', ' ',
'p', 'h', 'o', 'n', 'e', ' ', 'n', 'u', 'm', 'b', 'e', 'r',
' ', 'i', 's', ' ', '1', '2', '3', '4', '5', '6', '7', '8',
'.']

print(re.findall(r'\w', string))    # ['H', 'i', 's', 'p',
'h', 'o', 'n', 'e', 'n', 'u', 'm', 'b', 'e', 'r', 'i', 's',
'1', '2', '3', '4', '5', '6', '7', '8']

print(re.findall(r'\s', string))    # [' ', ' ', ' ', ' ']

print(re.findall(r'\d', string))    # ['1', '2', '3', '4',
'5', '6', '7', '8']

print(re.findall(r'is', string))    # ['is', 'is']

print(re.findall(r'\bis', string))    # ['is']
```

```
print(re.findall(r'is\b', string))    # ['is', 'is']

print(re.findall(r'e', string))    # ['e', 'e']

print(re.findall(r'e\b', string))    # ['e']
```

'.'可以匹配上述文本中的任意一个字母、数字、空白和行末的句点。

'\w'可以匹配上述文本中的任意一个字母和数字，但不能匹配空白和行末的句点。

'\s'可以匹配上述文本中的任意一个空白。

'\d'可以匹配上述文本中的任意一个数字。

'is'既可以匹配上述文本中 His 中的 is，也可以匹配 is 单词。

'\bis'只能匹配上述文本中的 is 单词，不能匹配 His 中的 is。

'is\b'既可以匹配上述文本中 His 中的 is，也可以匹配 is 单词。

'e'既可以匹配单词 phone 中的字母 e，也可以匹配单词 number 中的字母 e；但是，'e\b'则只能匹配单词 phone 中的字母 e。

5.4　匹配零个或多个字符

5.4.1　常用的表示数量的符号

我们常常需要一次匹配零个、一个或多个字符，因此需要使用一些表示数量的符号。表 5.2 列出了常用的表示数量的符号。

表 5.2　常用的表示数量的符号

符号	注释
*	匹配零个或多个字符
+	匹配一个或多个字符
?	匹配零个或一个字符

这些表示数量的符号不能单独使用，必须与其他普通字符或元字符配合使用。例如：b+可以匹配一个或者连续多个 b 字母；\w+可以匹配一个或多个字母或数字或下划线；\d*可以匹配零个或多个数字；\s? 可以匹配零个或一个空白。

我们来看一个例子。例子文本节选自 FROWN 语料库。请完成下列检索匹配任务：①如何检索文本中所有以-ing 结尾的单词？②如何检索文本中所有以th-开头的单词？③如何检索文本中所有数字或者含有数字的字符串？④如何检索诸如 co-author 这样含连字符的单词？⑤如何检索所有含两个字符的字符串？⑥文本中每行开头都含有诸如“A01 17 ”的字符串。如何搜索出文本中所有类似的字符串？

```
A01  17 <p_>The bill was immediately sent to the House,
which voted 308-114
A01  18 for the override, 26 more than needed. A cheer went
up as the House
A01  19 vote was tallied, ending Bush's string of successful
vetoes at
A01  20 35.<p/>
A01  21 <p_>Among those voting to override in the Senate was
Democratic
A01  22 vice presidential nominee Al Gore, a co-author of
the bill. He then
A01  23 left the chamber to join Democratic presidential
nominee Bill
A01  24 Clinton on 'Larry King Live' on CNN.<p/>
```

关于问题①，使用\w*ing\b 或者\w+ing\b。\w*ing 或者\w+ing 在上述文本中可以搜索所有以 ing 结尾的单词。但是，也可以匹配诸如 Washington、Salinger 或 hearings 等单词。\w*ing 和\w+ing 的不同在于，\w+ing 只能匹配“一个或多个字符+ing”，而\w*ing 可以匹配“ing”或者“一个或多个字符+ing”。关于问题②，使用\bth\w+。关于问题③，使用\d+可以搜索出所有数字；\w*\d+\w*可以搜索出所有数字或者同时含字母和数字的字符串，如 A01、17、308、114 等。需要注意的是\w*\d+\w*不能搜索出“308-114”。如果需要搜索如“308-114”或“2-kilo”等同时含字母、数字和连字符“-”的字符串，则需使用表达式\w+-\w+。关于问题④，使用\w+-\w+。关于问题⑤，使用\b\w\w\b。关于问题⑥，使用 A\d+\s+\d+\s。

请看如下代码。

code5.3.py

```
import re
string = '''
A01  17 <p_>The bill was immediately sent to the House,
which voted 308-114
A01  18 for the override, 26 more than needed. A cheer went
up as the House
A01  19 vote was tallied, ending Bush's string of successful
vetoes at
A01  20 35.<p/>
A01  21 <p_>Among those voting to override in the Senate was
Democratic
A01  22 vice presidential nominee Al Gore, a co-author of
the bill. He then
A01  23 left the chamber to join Democratic presidential
nominee Bill
A01  24 Clinton on 'Larry King Live' on CNN.<p/>
'''

print(re.findall(r'\w*ing\b', string))   # ['ending',
'string', 'voting', 'King']

print(re.findall(r'\bth\w+', string))   # ['the', 'the',
'than', 'the', 'those', 'the', 'the', 'then', 'the']

print(re.findall(r'\w*\d+\w*', string))   # ['A01', '17',
'308', '114', 'A01', '18', '26', 'A01', '19', 'A01', '20',
'35', 'A01', '21', 'A01', '22', 'A01', '23', 'A01', '24']

print(re.findall(r'\w+-\w+', string))   # ['308-114', 'co-
author']

print(re.findall(r'\b\w\w\b', string))   # ['17', 'p_',
'to', '18', '26', 'up', 'as', '19', 'of', 'at', '20', '35',
```

```
'21', 'p_', 'to', 'in', '22', 'Al', 'co', 'of', 'He', '23',
'to', '24', 'on', 'on']

print(re.findall(r'A\d+\s+\d+\s', string))    # ['A01  17 ',
'A01  18 ', 'A01  19 ', 'A01  20 ', 'A01  21 ', 'A01  22 ',
'A01  23 ', 'A01  24 ']
```

5.4.2 {}、[]和()的用法

本小节介绍{}、[]和()的用法。

1. {}的用法

{}中添加数字，跟在普通字符或者元字符后面，也可以表示数量。比如，r{2}可以匹配“rr”；r{2,}可以匹配连续 2 次或更多次出现的 r 字母，如“rr”或者“rrrrr”等；r{0,3}可以匹配出现 0 次或者 1 次或连续出现 2 次或 3 次的 r 字母。因此，我们前面所述的\d*等同于\d{0,}；\d+等同于\d{1,}；\d?等同于\d{0,1}。

2. []的用法

[]中加入普通字符表示可以匹配其中任意字符。比如，[abcd]可以匹配 a 或 b 或 c 或 d。而[abcd]+则可匹配由 abcd 四个字母任意组合的字符串，如“adc”“add”“abdc”“bcdaadbc”等。[abcd]等同于[abcd]{1}，而[abcd]+等同于[abcd]{1,}。另外，[a-z]表示从 a 到 z 所有字母中的任意一个，[0-9]表示所有数字中的任意一个。

3. ()的用法

如果需要重复多次某个表达式，可以用()将表达式括起来，然后再在后面加表示数量的表达式。如果要匹配诸如“abc98cdef54r45gsdh56539”这样重复多次的“字母+数字”组合的字符串，我们可以用([a-z]+[0-9]+)+来匹配，括弧后面的“+”表示重复([a-z]+[0-9]+)组合一次或者多次(当然，可以简单地用\w+来匹配)。假设我们只希望匹配重复 2 次或 3 次的“字母+数字”组合，则需要用([a-z]+[0-9]+){2,3}来匹配。

我们来看一个例子。假设有如下字符串，完成下列检索任务：①字符串的人名中，哪些由 3 个或 4 个字母组成？②字符串的人名中，哪些由 6 个或以上字母组成？③字符串的人名中，哪些由以 J 字母开头且以 a 字母结尾？④字符串的人名中，哪些由以 J 字母开头、以 a 字母结尾且字母数大于 5？⑤字符串的人名中，哪些由以 J、K、L、M 字母开头且字母数大于或等于 5？

```
Mary  Michael  Susan  Larry  Christina
Elizabeth   Juliana   Julia   Leo  Jane
Jason  Johansson  John   Bill  Katherine
```

下面是代码。

code5.4.py

```
import re

string = '''
Mary  Michael  Susan  Larry  Christina
Elizabeth   Juliana   Julia   Leo  Jane
Jason  Johansson  John   Bill  Katherine
'''

print(re.findall(r'\b\w{3,4}\b', string))    # ['Mary',
'Leo', 'Jane', 'John', 'Bill']

print(re.findall(r'\b\w{6,}\b', string))   # ['Michael',
'Christina', 'Elizabeth', 'Juliana', 'Johansson',
'Katherine']

print(re.findall(r'\bJ\w*a\b', string))    # ['Juliana',
'Julia']

print(re.findall(r'\bJ\w{5,}a\b', string))    # ['Juliana']

print(re.findall(r'\b[JKLM]\w{4,}\b', string))    #
['Michael', 'Larry', 'Juliana', 'Julia', 'Jason',
'Johansson', 'Katherine']
```

5.4.3 贪婪(greedy)还是懒惰(lazy)

前面我们讲到“*”表示零个或多个，“+”表示一个或多个。由于“*”和“+”可以匹配多个字符，它们会尽可能多地匹配字符，所以它们被称作“贪婪数量符(greedy quantifiers)”。

请看下面的范例。我们对字符串进行两次搜索。第一次匹配，re.findall(r'.+', string)将返回由一个元素（即整个字符串）构成的列表。第二次匹配，re.findall(r'.*', string)将返回：["<p_>The bill was immediately sent to the House, which voted 308-114 for the override, 26 more than needed. A cheer went up as the House vote was tallied, ending Bush's string of successful vetoes at 35.<p/>", '']。返回结果是由两个元素构成的列表，第一个元素是整个字符串，第二个元素由一个零字符构成。

两次搜索结果不同的原因在于，“+”表示一个或多个，在第一次匹配到字符串的最后一个字符“>”后，搜索过程即完成；而“*”表示零个或多个，在第一次匹配到字符串的最后一个字符“>”后，再进行第二次检索，检索结果为零个字符，也匹配成功，所以第二次检索多了一个零字符。

两次检索的结果都说明，无论是“+”还是“*”，都是“贪婪的”，它们都尽可能多地匹配字符。

code5.5.py

```
import re

string = "<p_>The bill was immediately sent to the House,
which voted 308-114 for the override, 26 more than needed.
A cheer went up as the House vote was tallied, ending
Bush's string of successful vetoes at 35.<p/>"

print(re.findall(r'.+', string))
print(re.findall(r'.*', string))
```

又如，\d+将匹配文本中的 308、114、26、35 等数字，其原因在于“+”是贪婪(greedy)的，所以\d+会匹配所有连续数字。那么，如果我们匹配所有数值，但需要每次只匹配一个数字字符，就需要使用'?'。

与'*'和'+'相反，'?'是“懒惰数量符(lazy quantifier)”，它匹配尽可能少的相应字符。所以，\d+?将匹配文本中的所有数值，但每次只匹配一个由连续数值字符组成的数值。

我们来看下面的例子。读者可以比较使用'<.*>'和'<.*?>'两个表达式搜索下面文本的异同。

code5.6.py

```
import re

string = '''<p_>The bill was immediately sent to the House,
which voted 308-114 for the override, 26 more than needed.
A cheer went up as the House vote was tallied, ending
Bush's string of successful vetoes at 35.<p/>'''

print(re.findall(r'<.*>', string))
# ["<p_>The bill was immediately sent to the House, which
voted 308-114 for the override, 26 more than needed. A
cheer went up as the House vote was tallied, ending Bush's
string of successful vetoes at 35.<p/>"]

print(re.findall(r'<.*?>', string))
# ['<p_>', '<p/>']
```

<.*>将匹配所有文本内容。由于“.*”是“贪婪的”，所以<.*>的搜索方式是，先搜索文本中的第一个“<”，然后搜索文本最后一个“>”，最后匹配文本第一个“<”与文本最后一个“>”之间的所有内容。

<.*?>将匹配<p_>和<p/>。由于“.*?”是“懒惰的”，所以<.*?>的搜索方式是，先搜索文本中的第一个“<”，然后搜索文本中下一个出现的“>”，最后匹配文本第一个“<”与下一个“>”之间的所有内容。

5.5 分　组

有时候我们不需要返回全部检索内容，而需要对检索的内容分几个部分返回，这时候就需要用到分组(grouping)。我们可以将需要分开检索返回的部分用圆括弧括起来。比如，我们需要检索出'http://www.hust.edu.cn.'网址，并分开返回网址的'http'、'www'、'hust'、'edu'、'cn'等部分，就需要用到分组。请看下面的代码。

code5.7.py

```
import re

web = r'The website of HUST is http://www.hust.edu.cn.'

matched1 = re.findall(r'(http)://(www).(\w+).(\w+).(\w+)', web)
print(matched1)    # [('http', 'www', 'hust', 'edu', 'cn')]
print(matched1[0][0])    # http
print(matched1[0][1])    # www

matched2 = re.search(r'(http)://(www).(\w+).(\w+).(\w+)', web)
print(matched2.group(0))    # http://www.hust.edu.cn
print(matched2.group(1))    # http
print(matched2.group(2))    # www
print(matched2.group(3))    # hust
print(matched2.group(4))    # edu
print(matched2.group(5))    # cn
```

从上述代码可见，re.findall()函数返回一个列表，该列表只有一个元组元素。而元组由五个元素组成，分别是五个圆括弧分组检索到的内容。如果需要访问列表内容，则可以使用 print(matched1[0][0])等来访问。

与 re.findall()函数返回列表不同，re.search()返回的内容不能直接访问，而需要通过 group()函数来访问。group(0)返回的内容是表达式检索到的所有内容，所以上述代码中，matched2.group(0)返回的是'http://www.hust.edu.cn'。group(1)返回的是第一个分组内容，所以 group(1)返回的是'http'；group(2)返回的是第二个分组内容，所以 group(2)返回的是'www'；余类推。

5.6 元字符的转义

前面我们讲到，正则表达式中有些元字符表示特殊的含义，如“.”可以匹配所有字母、数字、空白和除换行符以外的任意符号；“\”加在一些特殊字母前有特殊含义，如“\w”表示匹配字母或数字或下划线；“?”表示零个或一个等。那么，如何搜索匹配这些元字符呢？这里就需要使用元字符的转义(to escape the metacharacters)。元字符的转义就是在元字符前面加上“\”(反斜线，backslash)，以匹配这些元字符。元字符的转义见表 5.3。

表 5.3 元字符的转义

元字符	转义
\.	匹配“.”
\?	匹配“?”
*	匹配“*”
\+	匹配“+”
\\	匹配“\”
\(	匹配“(”
\)	匹配“)”
\-	匹配“-”

假设有下面的文本。

```
The homepage of our department is http://sfl.hust.edu.cn/.
His email address is jason.lee@hotmail.com.

Name: Jason
Birthday: 08-12-1988
```

试编写代码完成下面的检索任务：①如何匹配上述文本中的网址？②如何匹配上述文本中的电子邮件地址？③如何匹配上述文本中的生日信息？

请看下面的代码。

code5.8.py

```
import re

string = '''The homepage of our department is
http://fld.hust.edu.cn/.
His email address is jason.lee@hotmail.com.

Name: Jason
Birthday: 08-12-1988
'''

print(re.findall(r'http://.*?/', string))    #
['http://fld.hust.edu.cn/']
print(re.findall(r'\w+\.\w+@\w+\.\w+', string))    #
['jason.lee@hotmail.com']
print(re.findall(r'\d{2}\-\d{2}\-\d{4}', string))    # ['08-
12-1988']
```

假设有下面的文本。文本中每个单词后面有斜线（/），斜线（/）后面是单词的词性。试编写代码完成下面的检索任务：①如何匹配上述词性赋码文本中的所有专有名词？②如何匹配上述词性赋码文本中的所有名词？③如何匹配上述词性赋码文本中的所有动词？④如何匹配上述词性赋码文本中的“冠词+名词”词组？⑤如何匹配上述词性赋码文本中的最邻近的副词+动词？⑥如何匹配上述词性赋码文本中的所有词性赋码？

```
The/at marriage/nn of/in John/np and/cc Mary/np Black/np
had/hvd clearly/rb reached/vbn the/at breaking/vbg point/nn
after/in eight/cd years/nns ./.
```

①仔细阅读文本后，我们发现，所有专有名词的词性代码均为/np，所以，检索的表达式为 r'\w+/np'。②所有名词的词性代码均含有/n，所以，检索的表达式为 r'\w+/n\w+'。③与名词类似，所有动词的词性代码均含有/v，所以，检索的表达式为 r'\w+/v\w+'。④冠词的词性代码为/at，由于冠词与名词中间可能还有其

他单词，故冠词与名词的检索中间加上.*?。.*?表示任意字符的组合，但检索的内容是“懒惰的”。所以，“冠词+名词”词组的检索代码为 r'\w+/at.*?\w+/nn\w*'。⑤副词的词性代码含有/rb，所以，最邻近的副词+动词的检索代码为'\w+/rb.*?\w+/v\w*'。⑥检索所有词性赋码，也就是检索所有斜线（/）后面的内容。词性代码可能是几个字母的组合(\w+)，或者是句点(\.)，所以检索代码为 r'/\w+|/\.'。

请看下面的示范代码。

code5.9.py

```
import re

string = '''The/at marriage/nn of/in John/np and/cc Mary/np
Black/np had/hvd clearly/rb reached/vbn the/at breaking/vbg
point/nn after/in eight/cd years/nns ./.
'''

print(re.findall(r'\w+/np', string))
# ['John/np', 'Mary/np', 'Black/np']

print(re.findall(r'\w+/n\w+', string))
# ['marriage/nn', 'John/np', 'Mary/np', 'Black/np',
'point/nn', 'years/nns']

print(re.findall(r'\w+/v\w+', string))
# ['reached/vbn', 'breaking/vbg']

print(re.findall(r'\w+/at.*?\w+/nn\w*', string))
# ['The/at marriage/nn', 'the/at breaking/vbg point/nn']

print(re.findall(r'\w+/rb.*?\w+/v\w*', string))
# ['clearly/rb reached/vbn']

print(re.findall(r'/\w+|/\.', string))
# ['/at', '/nn', '/in', '/np', '/cc', '/np', '/np', '/hvd',
```

```
'/rb', '/vbn', '/at', '/vbg', '/nn', '/in', '/cd', '/nns',
'/.']
# '|'表示'或者'。或可将表达式写成'(/\w+)|(/\.)'
```

5.7　换行符、回车符、制表符

文本中有些字符是肉眼不可见的，比如文本每一段的末尾都有我们看不到的换行符或回车符。正则表达式中用“\n”或“\n\r”表示换行符或回车符。不同的操作系统使用不同的换行符或回车符，如在 Mac OS 系统和 Linux 系统中，每行结尾用“\n”表示换行符或回车符；而在微软 Windows 系统中，每行结尾用“\n\r”表示换行符或回车符。如果需要搜索换行符或回车符，我们可以尝试使用“\n”或“\n\r”来搜索。另外，我们可以用“\t”来搜索制表符。表 5.4 列举了换行符、回车符、制表符的转义。

表 5.4　换行符、回车符、制表符的转义

字符	转义
\n	匹配换行符(newline，linefeed)
\r	匹配回车符(carriage return)
\t	匹配制表符(tab)

5.8　正则表达式相关实例

5.8.1　清洁文本实例 1

下面是 TEI 格式标注的 BROWN 语料库节选文本。

```
Elburn ,      Ill.


-- Farm machinery      dealer Bob Houtz    tilts back in a
battered chair and tells of a sharp pickup in sales : ``
```

```
We've sold four   corn pickers   since Labor      Day and
have good      prospects for 10 more . We sold only four
pickers all last year '' .




Gus Ehlers , competitor      of Mr. Houtz in this farm
community , says       his business   since August 1 is
running 50% above a year earlier . `` Before then , my
sales during much          of the year had lagged behind
1960 by 20% '' , he says .
```

如何删除上述文本中多余的空格和多余的空行？完成此项任务的算法如下。

第一步，将“{ 2,}”替换成“ ”。

第二步，将“\s{2,}”替换成“\n”。

代码如下。

code5.10.py

```
import re

string = '''Elburn ,       Ill.


-- Farm machinery      dealer Bob Houtz    tilts back in a
battered chair and tells of a sharp pickup in sales : ``
We've sold four   corn pickers   since Labor      Day and
have good      prospects for 10 more . We sold only four
pickers all last year '' .




Gus Ehlers , competitor      of Mr. Houtz in this farm
```

```
community , says       his business   since August 1 is
running 50% above a year earlier . `` Before then , my
sales during much          of the year had lagged behind
1960 by 20% '' , he says .
'''

string1 = re.sub(r' {2,}', r' ', string)

string2 = re.sub(r'\s{2,}', r'\n', string1)

print(string2)
```

5.8.2　清洁文本实例 2

假设有下面的文本。

```
A01  17 <p_>The bill was immediately sent to the House,
which voted 308-114
A01  18 for the override, 26 more than needed. A cheer went
up as the House
A01  19 vote was tallied, ending Bush's string of successful
vetoes at
A01  20 35.<p/>
A01  21 <p_>Among those voting to override in the Senate was
Democratic
A01  22 vice presidential nominee Al Gore, a co-author of
the bill. He then
A01  23 left the chamber to join Democratic presidential
nominee Bill
A01  24 Clinton on 'Larry King Live' on CNN.<p/>
```

如何将上面的文本清洁整理成下面的文本形式？

```
The bill was immediately sent to the House, which voted
```

```
308-114 for the override, 26 more than needed. A cheer went
up as the House vote was tallied, ending Bush's string of
successful vetoes at 35.
Among those voting to override in the Senate was Democratic
vice presidential nominee Al Gore, a co-author of the bill.
He then left the chamber to join Democratic presidential
nominee Bill Clinton on 'Larry King Live' on CNN.
```

完成此项任务的算法如下。

第一步，将“A01　17”文本等删除，即将 A01\s+\d+\s 删除。

第二步，删除所有换行符或回车符，即将\n 删除。

第三步，由于<p/>标记段落末尾，所以，在<p/>末尾加上换行符或回车符，即将<p/>替换成<p/>\n。

第四步，删除<p_>和<p/>，即将<.*?>删除。

代码如下。

code5.11.py

```
import re

string = '''A01  17 <p_>The bill was immediately sent to the
House, which voted 308-114
A01  18 for the override, 26 more than needed. A cheer went
up as the House
A01  19 vote was tallied, ending Bush's string of successful
vetoes at
A01  20 35.<p/>
A01  21 <p_>Among those voting to override in the Senate was
Democratic
A01  22 vice presidential nominee Al Gore, a co-author of
the bill. He then
A01  23 left the chamber to join Democratic presidential
nominee Bill
A01  24 Clinton on 'Larry King Live' on CNN.<p/>
'''
```

```
string1 = re.sub(r'A01\s+\d+\s', r'', string)

string2 = re.sub(r'\n', r'', string1)

string3 = re.sub(r'<p/>', r'<p/>\n', string2)

string4 = re.sub(r'<.*?>', r'', string3)

print(string4)
```

5.8.3 检索文本和清洁文本实例 3

下面是 TEI 格式标注的 BROWN 语料库节选文本。

```
<p><s n="1"><w type="NP" subtype="HL">Elburn</w> <c
type="pct">,</c> <w type="NP" subtype="HL">Ill.</w> </s>
<s n="2"><c type="pct">--</c> <w type="NN">Farm</w> <w
type="NN">machinery</w> <w type="NN">dealer</w> <w
type="NP">Bob</w> <w type="NP">Houtz</w> <w
type="VBZ">tilts</w> <w type="RB">back</w> <w
type="IN">in</w> <w type="AT">a</w> <w
type="VBN">battered</w> <w type="NN">chair</w> <w
type="CC">and</w> <w type="VBZ">tells</w> <w
type="IN">of</w> <w type="AT">a</w> <w type="JJ">sharp</w>
<w type="NN">pickup</w> <w type="IN">in</w> <w
type="NNS">sales</w> <c type="pct">:</c> <c
type="pct">``</c> <mw pos="PPSS HV">We've </mw><w
type="VBN">sold</w> <w type="CD">four</w> <w
type="NN">corn</w> <w type="NNS">pickers</w> <w
type="IN">since</w> <w type="NN" subtype="TL">Labor</w> <w
type="NN" subtype="TL">Day</w> <w type="CC">and</w> <w
type="HV">have</w> <w type="JJ">good</w> <w
type="NNS">prospects</w> <w type="IN">for</w> <w
```

```
type="CD">10</w> <w type="AP">more</w> <c type="pct">.</c>
</s>
<s n="3"><w type="PPSS">We</w> <w type="VBD">sold</w> <w
type="RB">only</w> <w type="CD">four</w> <w
type="NNS">pickers</w> <w type="ABN">all</w> <w
type="AP">last</w> <w type="NN">year</w> <c
type="pct">''</c> <c type="pct">.</c> </s>
</p>
<p><s n="4"><w type="NP">Gus</w> <w type="NP">Ehlers</w> <c
type="pct">,</c> <w type="NN">competitor</w> <w
type="IN">of</w> <w type="NP">Mr.</w> <w
type="NP">Houtz</w> <w type="IN">in</w> <w
type="DT">this</w> <w type="NN">farm</w> <w
type="NN">community</w> <c type="pct">,</c> <w
type="VBZ">says</w> <w type="PPg">his</w> <w
type="NN">business</w> <w type="IN">since</w> <w
type="NP">August</w> <w type="CD">1</w> <w
type="BEZ">is</w> <w type="VBG">running</w> <w
type="NN">50%</w> <w type="IN">above</w> <w type="AT">a</w>
<w type="NN">year</w> <w type="RBR">earlier</w> <c
type="pct">.</c> </s>
<s n="5"><c type="pct">``</c> <w type="IN">Before</w> <w
type="RB">then</w> <c type="pct">,</c> <w type="PPg">my</w>
<w type="NNS">sales</w> <w type="IN">during</w> <w
type="AP">much</w> <w type="IN">of</w> <w type="AT">the</w>
<w type="NN">year</w> <w type="HVD">had</w> <w
type="VBN">lagged</w> <w type="IN">behind</w> <w
type="CD">1960</w> <w type="IN">by</w> <w type="NN">20%</w>
<c type="pct">''</c> <c type="pct">,</c> <w
type="PPS">he</w> <w type="VBZ">says</w> <c
type="pct">.</c> </s>
</p>
```

试编写代码完成下面的检索任务：①检索所有标点；②检索所有形容词+名

词；③检索所有冠词+名词。

代码如下。

code5.12.py

```
import re

string = '''<p><s n="1"><w type="NP"
subtype="HL">Elburn</w> <c type="pct">,</c> <w type="NP"
subtype="HL">Ill.</w> </s>
<s n="2"><c type="pct">--</c> <w type="NN">Farm</w> <w
type="NN">machinery</w> <w type="NN">dealer</w> <w
type="NP">Bob</w> <w type="NP">Houtz</w> <w
type="VBZ">tilts</w> <w type="RB">back</w> <w
type="IN">in</w> <w type="AT">a</w> <w
type="VBN">battered</w> <w type="NN">chair</w> <w
type="CC">and</w> <w type="VBZ">tells</w> <w
type="IN">of</w> <w type="AT">a</w> <w type="JJ">sharp</w>
<w type="NN">pickup</w> <w type="IN">in</w> <w
type="NNS">sales</w> <c type="pct">:</c> <c
type="pct">``</c> <mw pos="PPSS HV">We've </mw><w
type="VBN">sold</w> <w type="CD">four</w> <w
type="NN">corn</w> <w type="NNS">pickers</w> <w
type="IN">since</w> <w type="NN" subtype="TL">Labor</w> <w
type="NN" subtype="TL">Day</w> <w type="CC">and</w> <w
type="HV">have</w> <w type="JJ">good</w> <w
type="NNS">prospects</w> <w type="IN">for</w> <w
type="CD">10</w> <w type="AP">more</w> <c type="pct">.</c>
</s>
<s n="3"><w type="PPSS">We</w> <w type="VBD">sold</w> <w
type="RB">only</w> <w type="CD">four</w> <w
type="NNS">pickers</w> <w type="ABN">all</w> <w
type="AP">last</w> <w type="NN">year</w> <c
type="pct">''</c> <c type="pct">.</c> </s>
</p>
```

```
<p><s n="4"><w type="NP">Gus</w> <w type="NP">Ehlers</w> <c
type="pct">,</c> <w type="NN">competitor</w> <w
type="IN">of</w> <w type="NP">Mr.</w> <w
type="NP">Houtz</w> <w type="IN">in</w> <w
type="DT">this</w> <w type="NN">farm</w> <w
type="NN">community</w> <c type="pct">,</c> <w
type="VBZ">says</w> <w type="PPg">his</w> <w
type="NN">business</w> <w type="IN">since</w> <w
type="NP">August</w> <w type="CD">1</w> <w
type="BEZ">is</w> <w type="VBG">running</w> <w
type="NN">50%</w> <w type="IN">above</w> <w type="AT">a</w>
<w type="NN">year</w> <w type="RBR">earlier</w> <c
type="pct">.</c> </s>
<s n="5"><c type="pct">``</c> <w type="IN">Before</w> <w
type="RB">then</w> <c type="pct">,</c> <w type="PPg">my</w>
<w type="NNS">sales</w> <w type="IN">during</w> <w
type="AP">much</w> <w type="IN">of</w> <w type="AT">the</w>
<w type="NN">year</w> <w type="HVD">had</w> <w
type="VBN">lagged</w> <w type="IN">behind</w> <w
type="CD">1960</w> <w type="IN">by</w> <w type="NN">20%</w>
<c type="pct">''</c> <c type="pct">,</c> <w
type="PPS">he</w> <w type="VBZ">says</w> <c
type="pct">.</c> </s>
</p>
'''

print(re.findall(r'<c type="pct">.*?</c>', string))
# ['<c type="pct">,</c>', '<c type="pct">--</c>', '<c
type="pct">:</c>', '<c type="pct">``</c>', '<c
type="pct">.</c>', '<c type="pct">\'\'</c>', '<c
type="pct">.</c>', '<c type="pct">,</c>', '<c
type="pct">,</c>', '<c type="pct">.</c>', '<c
type="pct">``</c>', '<c type="pct">,</c>', '<c
type="pct">\'\'</c>', '<c type="pct">,</c>', '<c
type="pct">.</c>']
```

```
print(re.findall(r'<w type="J\w+">.*?<w type="N\w+">\w+',
string))
# ['<w type="JJ">sharp</w> <w type="NN">pickup', '<w
type="JJ">good</w> <w type="NNS">prospects']

print(re.findall(r'<w type="AT">.*?<w type="N\w+">\w+',
string))
# ['<w type="AT">a</w> <w type="VBN">battered</w> <w
type="NN">chair', '<w type="AT">a</w> <w
type="JJ">sharp</w> <w type="NN">pickup', '<w
type="AT">a</w> <w type="NN">year', '<w type="AT">the</w>
<w type="NN">year']
```

试编写代码完成下面的清洁整理文本任务：①删除上面文本中的所有单词、标点符号和句子标记内容，即除<p>、</p>以外的所有标记内容；②删除上面文本中的所有换行符；③在段落后增加换行符，即在</p>后增加换行符；④删除上面文本中的<p>和</p>。

完成此项任务的算法如下：①删除<[wscm].*?>，删除</[wcsm]\w*>；②将\n删除；③将</p>替换成</p>\n；④将<.*?>删除。

代码如下。

code5.13.py

```
import re

string = '''<p><s n="1"><w type="NP"
subtype="HL">Elburn</w> <c type="pct">,</c> <w type="NP"
subtype="HL">Ill.</w> </s>
<s n="2"><c type="pct">--</c> <w type="NN">Farm</w> <w
type="NN">machinery</w> <w type="NN">dealer</w> <w
type="NP">Bob</w> <w type="NP">Houtz</w> <w
type="VBZ">tilts</w> <w type="RB">back</w> <w
type="IN">in</w> <w type="AT">a</w> <w
```

```
type="VBN">battered</w> <w type="NN">chair</w> <w
type="CC">and</w> <w type="VBZ">tells</w> <w
type="IN">of</w> <w type="AT">a</w> <w type="JJ">sharp</w>
<w type="NN">pickup</w> <w type="IN">in</w> <w
type="NNS">sales</w> <c type="pct">:</c> <c
type="pct">``</c> <mw pos="PPSS HV">We've </mw><w
type="VBN">sold</w> <w type="CD">four</w> <w
type="NN">corn</w> <w type="NNS">pickers</w> <w
type="IN">since</w> <w type="NN" subtype="TL">Labor</w> <w
type="NN" subtype="TL">Day</w> <w type="CC">and</w> <w
type="HV">have</w> <w type="JJ">good</w> <w
type="NNS">prospects</w> <w type="IN">for</w> <w
type="CD">10</w> <w type="AP">more</w> <c type="pct">.</c>
</s>
<s n="3"><w type="PPSS">We</w> <w type="VBD">sold</w> <w
type="RB">only</w> <w type="CD">four</w> <w
type="NNS">pickers</w> <w type="ABN">all</w> <w
type="AP">last</w> <w type="NN">year</w> <c
type="pct">''</c> <c type="pct">.</c> </s>
</p>
<p><s n="4"><w type="NP">Gus</w> <w type="NP">Ehlers</w> <c
type="pct">,</c> <w type="NN">competitor</w> <w
type="IN">of</w> <w type="NP">Mr.</w> <w
type="NP">Houtz</w> <w type="IN">in</w> <w
type="DT">this</w> <w type="NN">farm</w> <w
type="NN">community</w> <c type="pct">,</c> <w
type="VBZ">says</w> <w type="PPg">his</w> <w
type="NN">business</w> <w type="IN">since</w> <w
type="NP">August</w> <w type="CD">1</w> <w
type="BEZ">is</w> <w type="VBG">running</w> <w
type="NN">50%</w> <w type="IN">above</w> <w type="AT">a</w>
<w type="NN">year</w> <w type="RBR">earlier</w> <c
type="pct">.</c> </s>
<s n="5"><c type="pct">``</c> <w type="IN">Before</w> <w
type="RB">then</w> <c type="pct">,</c> <w type="PPg">my</w>
```

```
<w type="NNS">sales</w> <w type="IN">during</w> <w
type="AP">much</w> <w type="IN">of</w> <w type="AT">the</w>
<w type="NN">year</w> <w type="HVD">had</w> <w
type="VBN">lagged</w> <w type="IN">behind</w> <w
type="CD">1960</w> <w type="IN">by</w> <w type="NN">20%</w>
<c type="pct">''</c> <c type="pct">,</c> <w
type="PPS">he</w> <w type="VBZ">says</w> <c
type="pct">.</c> </s>
</p>
'''

string1 = re.sub(r'<[wscm].*?>', r'', string)

string2 = re.sub(r'</[wcsm]\w*>', r'', string1)

string3 = re.sub(r'\n', r'', string2)

string4 = re.sub(r'</p>', r'</p>\n', string3)

string5 = re.sub(r'<.*?>', r'', string4)

print(string5)
```

经过上述文本清洁整理工作，最后打印的结果如下。

```
Elburn , Ill. -- Farm machinery dealer Bob Houtz tilts back
in a battered chair and tells of a sharp pickup in sales :
`` We've sold four corn pickers since Labor Day and have
good prospects for 10 more . We sold only four pickers all
last year '' .
Gus Ehlers , competitor of Mr. Houtz in this farm
community , says his business since August 1 is running 50%
above a year earlier . `` Before then , my sales during much
of the year had lagged behind 1960 by 20% '' , he says .
```

5.8.4　制作词表 2

我们在第 4 章制作了 Great Expectations 一书的词表。我们在做该词表时，仅仅依据空格作为单词边界，对句子进行了切分，但没有对句子中的标点符号等进行处理，以至于生成的词表出现诸如“child's”“child),”这样的单词。我们可以通过正则表达式，对上述这些非字母和非数字字符("\W")进行处理，比如将它们删除或替换成空格。

我们可以按照上面的思路，重新制作 Great Expectations 一书的词表。新词表要求单词全部小写，单词中不允许含有非字母和非数字字符，不允许有重复的单词；另外，需将新制作的词表按字母顺序排序，并另存为文件 ge_wordlist2.txt。完成上述任务的算法如下。

第一步，逐行读入 ge.txt 文件。

第二步，将每行中的非字母和非数字字符替换成空格。

第三步，将每行所有字母字符改成小写。

第四步，按空格对每行进行切分，并将切分的列表元素写出到 ge_wordlist2.txt 文件。

code5.14.py

```
import re

file_in = open("/Users/leo/PyCorpus/texts/ge_wordlist.txt",
"r")
file_out =
open("/Users/leo/PyCorpus/texts/ge_wordlist2.txt", "a")

wordlist = []

for line in file_in.readlines():
    line2 = re.sub(r'\W', ' ', line)    # 将所有非字母非数字字符
替换成空格
    list_of_words = line2.split()    # 按空格切分行
    for word in list_of_words:
        wordlist.append(word)
```

```
wordlist1 = list(set(wordlist))    # 删除重复的单词
wordlist2 = sorted(wordlist1)    # 按字母排序

for w in wordlist2:
    file_out.write(w + '\n')

file_in.close()
file_out.close()
```

5.9 练　　习

1. 假设有字符串'Mary’s card code is M20104135a.'，写代码完成如下搜索匹配任务：①匹配 c 开头的连续 4 个字符；②匹配任意 2 个字符；③匹配连续 3 个数字；④匹配任意空白。

2. 读取 5.8.3 小节已赋码的字符串，检索出其中的所有实词(名词、动词、形容词、副词)，打印这些单词(不包括词性赋码信息)。

3. ge.txt 文件没有按照正确的自然段进行分段。请清洁整理该文件，使之按正确的自然段分段。（提示：有连续两个换行符（'\n\n'）的地方是需要自然段分段的地方，而其他一个换行符（'\n'）是不正确分段的地方，需要将之删除。所以，完成上述任务的算法是将'\n'替换成空格，而将'\n\n'替换成'\n'。）

4. 读取 ge_wordlist.txt 文件，将含有非字母非数字('\W+')的单词抽取出来，保存到一个文件中；将其他单词保存到另一个文件中。

5. 读取 ge_wordlist2.txt 文件，将含有连续两个元音字母的单词抽取出来，保存到一个文件中；将其他单词保存到另一个文件中。

6. ge_wordlist2.txt 文件的词表中，有很多词重复出现多次，请整理清洁 ge_wordlist2.txt 文件，使得词表中的所有单词均只出现一次。

第 6 章　字　　典

6.1　字典的概念

Python 语言的字典(dictionary)数据表示的是映射(mapping)关系。与列表和元组不同，字典的每一个元素是一对数据，表示这一对数据的映射关系。比如，我们要记录一个班 20 名学生的成绩，则每个学生的名字与其成绩就形成一种映射关系；如果我们将其保存为一个字典，则这个字典有 20 个元素，每一个元素由学生名字与其成绩的映射构成。我们可以将学生名字称作键(key)，成绩为值(value)。可见，字典的元素是由键和与其相映射的值构成的。

字典元素一般放在花括弧（{}）里面，其元素的键和值用冒号隔开。请看下面的代码。

```
dict1 = {'Mary':80, 'Tom':91, 'Jason':86, 'Julia':82}
```

字典的键一般是字符串数据，而值可以是数字、字符串、列表等其他任何数据。我们通常通过字典的键来访问字典元素，所以字典的键是唯一的，键不能重复。

访问字典的方法为：字典名称后面接方括弧，方括弧中为某个键的名称，返回与键相映射的值。我们来看下面例子。

code6.1.py

```
dict1 = {'Mary':80, 'Tom':91, 'Jason':86, 'Julia':82}
print(dict1['Mary'])    # 80
print(dict1['Jason'])    # 86
```

常用的创建字典的方法有两种。第一种方法如上面的范例所示，直接写出字典。另外，我们还可以通过下面的方法来创建字典。首先，创建一个空的字典。然后，通过'dict_name[key]' = 'value'的方法来定义字典的元素。第二种方法创建字典的示例，请看下面的代码。

code6.2.py

```
dict2 = {}

dict2['China'] = 'Chinese'
dict2['Britain'] = 'English'
dict2['Korea'] = 'Korean'
dict2['Germany'] = 'German'
dict2['Iran'] = 'Persian'

print(dict2)
# {'Germany': 'German', 'Britain': 'English', 'Korea':
'Korean', 'China': 'Chinese', 'Iran': 'Persian'}
```

通常，我们都是通过字典来储存具有映射关系的数据，而在创建字典之前，并不清楚字典元素的数量，可能也不清楚键及其所映射的值，所以也就不可能如第一种方法那样创建字典。比如，我们试图提取某个已经经过词性赋码文本的所有单词及其映射的词性，并将之储存为字典数据，在提取之前，我们并不清楚字典元素的数量，也不清楚有哪些单词及其词性。因此，使用第二种方法创建字典更常见。

由上述示例可见，最后一行打印出来的字典元素的顺序并不是我们定义的字典元素的顺序。其实，字典元素并不像列表元素那样有序排列，它们是无序的。也就是说，字典仅仅表示键与值的一一对应关系，可以通过键来得到值，但它们在字典中并没有固定的顺序。因此，字典并不能使用如列表那样的 sorted()函数来排序。

另外，我们可以通过定义字典元素的方法来增加字典元素，或者通过 pop()方法和 del()来删除字典元素，或者通过 clear()方法来清除字典中的所有元素。也就是说，字典与列表一样，具有可变性(immutable)。

code6.3.py

```
dict2 = {'Germany': 'German', 'Britain': 'English',
'Korea': 'Korean', 'China': 'Chinese', 'Iran': 'Persian'}
```

```
dict2.pop('Korea')
print(dict2)
# {'China': 'Chinese', 'Britain': 'English', 'Germany':
'German', 'Iran': 'Persian'}

del(dict2['Germany'])
print(dict2)
# {'China': 'Chinese', 'Britain': 'English', 'Iran':
'Persian'}

dict2.clear()
print(dict2)    # {}, dict2 现在是一个空字典
```

6.2　常用字典函数

本小节我们介绍常用的字典函数。

6.2.1　zip()

除了上面提到的两种方法可以创建字典以外，我们还可以通过 zip() 函数来创建字典。假设我们有两个列表 list1 和 list2，它们可以通过 dict(zip(list1, list2)) 方法来将它们合并成一个字典。

code6.4.py

```
list1 = ['de Saussure', 'Chomsky', 'Sinclair']
list2 = ['Swiss', 'American', 'British']
dic = dict(zip(list1, list2))
print(dic)
# {'de Saussure': 'Swiss', 'Chomsky': 'American',
'Sinclair': 'British'}
```

6.2.2 len()

len()函数返回字典的长度，即字典元素的数目。

code6.5.py

```
dict1 = {'Mary':80, 'Tom':91, 'Jason':86, 'Julia':82}
print(len(dict1))    # 4
```

6.2.3 keys(), values(), items()

keys()函数返回一个列表，列表包含字典的所有键。
values()函数返回一个列表，列表包含字典的所有值。
items()函数返回一个列表，列表元素为字典的键和值构成的元组。

code6.6.py

```
dict1 = {'Mary':80, 'Tom':91, 'Jason':86, 'Julia':82}
for i in dict1.keys():
    print(i)
# 逐个打印'Jason', 'Mary', 'Julia', 'Tom'

for i in dict1.values():
    print(i)
# 逐个打印 86, 80, 82, 91

for i in dict1.items():
    print(i)
# 逐个打印('Jason', 86), ('Mary', 80), ('Julia', 82), ('Tom',
91)
```

6.2.4 in dict.keys()

判断字典中是否存在某个元素，可以使用 in 关键字来实现。请见下面的代码。

code6.7.py

```
dict1 = {'Mary': 80, 'Tom': 91, 'Jason': 86, 'Julia': 82}

if 'Mary' in dict1.keys():
    print('Mary is one of the keys.')
else:
    print('Mary is not one of the keys.')

# Mary is one of the keys.
```

6.2.5　copy()

如果需要复制一个字典，可以使用 copy() 函数。

code6.8.py

```
dict1 = {'Mary':80, 'Tom':91, 'Jason':86, 'Julia':82}

dict2 = dict1.copy()
print(dict2)
# {'Jason': 86, 'Mary': 80, 'Julia': 82, 'Tom': 91}

# 下面的方法与上面的相同
dict3 = dict1
print(dict3)
```

6.2.6　update()

update() 函数可以将一个字典的元素添加到另一个字典中。如：dict2.update(dict1)将 dict1 的元素添加到 dict2 字典中，dict2 字典从而发生了变化，而 dict1 字典不发生变化。请见下面的代码。

code6.9.py

```
dict1 = {'Mary':80, 'Tom':91}
```

```
dict2 = {'Jason':86, 'Julia':82}

dict2.update(dict1)
print(dict2)    # {'Jason': 86, 'Mary': 80, 'Julia': 82,
'Tom': 91}

print(dict1)    # {'Mary': 80, 'Tom': 91}
```

6.3 字典排序

我们前面讨论过，字典的数据是无序的。但是在实际应用中，往往需要通过键或值排序来打印或者输出结果。比如，我们有一个“科目(键):分数(值)”为元素构成的字典，我们在打印时需要按照科目或者分数来排序。本小节我们讨论字典的排序。

无论是按字典的键还是值来排序，其排序的基本算法都是先通过某种方法提取出键或值，并将它们储存为列表或元组，然后对列表或元组进行排序。

6.3.1 按字典键排序

由于字典的键是不能重复的，而我们可以通过 keys()函数来提取字典的所有键并将之进行排序，因此，对字典按照键进行排序相对简单。请看下面的例子。

code6.10.py

```
dic = {'Math': 80, 'Reading': 90, 'Sports': 88, 'Writing':
90}
dic_keys = dic.keys()
dic_keys_sorted = sorted(dic_keys)
for k in dic_keys_sorted:
    print(k, dic[k])
```

在上面的代码中，我们首先定义了一个字典 dic，字典元素由科目与分数构成。第二行，我们通过 keys()函数提取出所有键，并将之赋值给 dic_keys 列表。第三行，通过 sorted()函数对 dic_keys 进行排序，并将之赋值给

dic_keys_sorted 列表。最后两行，首先通过 for...in 循环遍历 dic_keys_sorted 中的元素，即字典的键；然后打印键及其与之映射的值。打印结果如下。

```
Math 80
Reading 90
Sports 88
Writing 90
```

6.3.2 按字典值排序

按值来对字典排序比按键排序要复杂一些，因为字典的值是可以重复的，所以如果依然采用上面的方法，通过 values()来提取出所有值，对之排序，则可能由于有多个重复值而不能找出值所映射的键。

按值来对字典排序的一个解决方法是，通过 items()函数提取出所有“键:值”对(pairs)，然后调换“键:值”对的顺序为“值:键”对，再对“值:键”对进行排序，最后打印出结果。请看下面的例子。

code6.11.py

```
dic = {'Math':80, 'Reading':90, 'Sports':88, 'Writing':90}

pairs =dic.items()
# [('Reading', 90), ('Sports', 88), ('Writing', 90), ('Math',
80)]

pairs_reversed = []
for p in pairs:
    pairs_reversed.append([p[1], p[0]])
# 可通过print(pairs_reversed)语句来查看 pairs_reversed 的内容
# [[80, 'Math'], [90, 'Writing'], [88, 'Sports'], [90,
'Reading']]

pairs_reversed_sorted = sorted(pairs_reversed)
# [[80, 'Math'], [88, 'Sports'], [90, 'Reading'], [90,
'Writing']]
```

```
# sorted(pairs_reversed, reverse=True), if reversed order is
needed.

for p in pairs_reversed_sorted:
    print(p[1], p[0])
```

在上面的代码中，我们首先定义了一个字典 dic，字典元素由科目与科目的分数构成。第二行，通过 items()函数提取出所有键:值对，然后定义一个空列表(pairs_reversed)，以用来保存调换顺序的值:键对。

下面的一个 for...in 循环将键：值对调换顺序，并将它们保存到 pairs_reversed 列表中。这时，pairs_reversed 列表的内容为：[[90, 'Reading'], [90, 'witing'], [80, 'Math'], [88, 'Sports']]，即列表的每个元素又是一个嵌套列表，嵌套列表由两个元素组成，即分数和科目。

下面通过 sorted()函数对 pairs_reversed 列表进行排序。由于列表的元素(嵌套列表）的值在前，键在后，因此会按照值进行排序。这时，pairs_reversed_sorted 列表的内容为：[[80, 'Math'], [88, 'Sports'], [90, 'Reading'], [90, 'Writing']]。另外，如果需要按照从大到小逆序排序，可以在 sorted()函数中添加 reverse = True。最后两行通过 for...in 循环进行打印，结果如下。

```
Math 80
Sports 88
Reading 90
Writing 90
```

6.4 字典相关实例

6.4.1 将词性赋码后的文本整理成字典数据

假设我们有类似下面的经过词性赋码后的文本。一个典型的单词词性赋码形式是：'<w type="NN">Farm'。试编写代码，将该赋码形式整理成'farm':'NN'字典数据，其中，'farm'为键，'NN'为值。

```
'''<s n="2"><c type="pct">--</c> <w type="NN">Farm</w> <w
```

```
type="NN">machinery</w> <w type="NN">dealer</w> <w
type="NP">Bob</w> <w type="NP">Houtz</w> <w
type="VBZ">tilts</w> <w type="RB">back</w> <w
type="IN">in</w> <w type="AT">a</w> <w
type="VBN">battered</w> <w type="NN">chair</w> <w
type="CC">and</w> <w type="VBZ">tells</w> <w
type="IN">of</w> <w type="AT">a</w> <w type="JJ">sharp</w>
<w type="NN">pickup</w> <w type="IN">in</w> <w
type="NNS">sales</w> <c type="pct">:</c> <c
type="pct">``</c> <mw pos="PPSS HV">We've </mw><w
type="VBN">sold</w> <w type="CD">four</w> <w
type="NN">corn</w> <w type="NNS">pickers</w> <w
type="IN">since</w> <w type="NN" subtype="TL">Labor</w> <w
type="NN" subtype="TL">Day</w> <w type="CC">and</w> <w
type="HV">have</w> <w type="JJ">good</w> <w
type="NNS">prospects</w> <w type="IN">for</w> <w
type="CD">10</w> <w type="AP">more</w> <c type="pct">.</c>
</s>
<s n="3"><w type="PPSS">We</w> <w type="VBD">sold</w> <w
type="RB">only</w> <w type="CD">four</w> <w
type="NNS">pickers</w> <w type="ABN">all</w> <w
type="AP">last</w> <w type="NN">year</w> <c
type="pct">''</c> <c type="pct">.</c> </s>
'''
```

完成上述任务的一个可能算法是：首先，利用正则表达式，提取出文本中的键及其与之映射的值，然后将它们存储为字典数据。代码如下。

code6.12.py

```
import re

string = '''<s n="2"><c type="pct">--</c> <w
type="NN">Farm</w> <w type="NN">machinery</w> <w
type="NN">dealer</w> <w type="NP">Bob</w> <w
```

```
type="NP">Houtz</w> <w type="VBZ">tilts</w> <w
type="RB">back</w> <w type="IN">in</w> <w type="AT">a</w>
<w type="VBN">battered</w> <w type="NN">chair</w> <w
type="CC">and</w> <w type="VBZ">tells</w> <w
type="IN">of</w> <w type="AT">a</w> <w type="JJ">sharp</w>
<w type="NN">pickup</w> <w type="IN">in</w> <w
type="NNS">sales</w> <c type="pct">:</c> <c
type="pct">``</c> <mw pos="PPSS HV">We've </mw><w
type="VBN">sold</w> <w type="CD">four</w> <w
type="NN">corn</w> <w type="NNS">pickers</w> <w
type="IN">since</w> <w type="NN" subtype="TL">Labor</w> <w
type="NN" subtype="TL">Day</w> <w type="CC">and</w> <w
type="HV">have</w> <w type="JJ">good</w> <w
type="NNS">prospects</w> <w type="IN">for</w> <w
type="CD">10</w> <w type="AP">more</w> <c type="pct">.</c>
</s>
<s n="3"><w type="PPSS">We</w> <w type="VBD">sold</w> <w
type="RB">only</w> <w type="CD">four</w> <w
type="NNS">pickers</w> <w type="ABN">all</w> <w
type="AP">last</w> <w type="NN">year</w> <c
type="pct">''</c> <c type="pct">.</c> </s>
'''
list1 = re.findall(r'<w type="(\w+)".*?>(\w+)', string)
# grouping the POS tag and the word
# [('NN', 'Farm'), ('NN', 'machinery'), … , ('AP', 'last') ,
('NN', 'year')]

dict1 = {}
for i in list1:
    noun, pos = reversed(i)
    # reversed(i) looks like ('Farm', 'NN')
    # thus, noun is 'Farm', pos is 'NN'

    noun1 = noun.lower()
    # noun1 is 'farm'
```

```
        dict1[noun1] = pos
        # {'Farm': 'NN'}

for k in dict1.keys():
        print(k, dict1[k])
```

上面代码中，list1 = re.findall(r'<w type="(\w+)".*?>(\w+)', string)语句使用 re.findall()正则表达式来检索所有的词性赋码及其对应的单词，并将检索结果保存到 list1。list1 为列表，即[('NN', 'Farm'), ('NN', 'machinery'), ... ('AP', 'last'), ('NN', 'year')]。由于 re.findall()使用了分组，所以 re.findall()返回分组括弧内的检索结果。由于有两个分组括弧，所以，列表的每一个元素为一个元组，每个元组有两个元素，分别是词性赋码和单词。

下面一行 dict1 = {}，定义一个空字典，用来存储最终的结果。

接下来的几行代码通过 for...in 循环，首先将 list1 中的元组元素调整顺序(reversed())并赋值，然后通过 dict1[noun1] = pos 语句将它们保存到 dict1 中。其中，noun1 为键，pos 为值。

最后，通过一个 for...in 循环访问 dict1 的键，并打印出最终结果，打印结果如下。

```
and CC
all ABN
year NN
back RB
four CD
battered VBN
have HV
in IN
...
```

关于打印结果，请注意两点。第一，由于字典元素的排列是无序的，所以打印的结果并不是原文中单词的顺序。第二，在往字典中新增元素时，如果字典中已经有了某个键，而由于字典的键是不能重复出现的，因此会保留键，但会用新的值来取代旧的值。在本例中，由于没有出现同一个单词(键)有多个词性的情况，因此不会影响最终的结果；另外，类似'in IN'这样在原文中出现了多于一次的单词及其对应的词性，在最终结果中只会出现一次。

6.4.2 制作词表3

在前面的章节中，我们已经制作过 ge.txt 文本的词表。但是，先前制作词表的信息并不完整，比如，我们只列出了单词，却并没有列出单词在文本中出现的频次。

本小节我们再次制作 ge.txt 文本的词表，除了列出单词外，我们还将给每个单词附上其在文本中出现的频次。

code6.13.py

```
1     import re
2
3     file_in = open("/Users/leo/PyCorpus/texts/ge.txt",
"r")
4     file_out =
open("/Users/leo/PyCorpus/texts/ge_wordlist3.txt", "a")
5
6     all_words = []
7
8     for line in file_in.readlines():
9            line2 = line.lower()
10           line3 = re.sub(r'\W', r' ', line2)
11           wordlist = line3.split()
12           for word in wordlist:
13                all_words.append(word)
14
15    wordlist_freq = {}
16
17    for word in all_words:
18          if word in wordlist_freq.keys():
19                wordlist_freq[word] += 1
20         else:
21           wordlist_freq[word] = 1
```

```
22
23    for k in sorted(wordlist_freq.keys()):
24          file_out.write(k + '\t' + str(wordlist_freq[k])
+ '\n')
25
26    file_in.close()
27    file_out.close()
```

上面代码第一至十三行与第 5 章制作词表的代码一样，将 ge.txt 文本逐行读入，并将句子切分成单词保存到列表 all_words 中。第十五行定义一个空字典 wordlist_freq，以保存单词及其频次。第十七行从列表 all_words 中逐个读取单词，第十八、十九行判断单词是否在字典 wordlist_freq 键列表(wordlist_freq.keys())中。如果单词已经存在于键列表中，则该键(单词)所映射的频次加 1，这样，如果单词在文本中多次出现，则每出现一次，其频次相应加 1。第二十、二十一行，如果单词不存在于键列表中，则该键(单词)所映射的频次为 1。第十八到二十一行循环，直至所有单词都循环一遍。第二十三行首先利用 sorted()函数对 wordlist_freq 字典中的键(wordlist_freq.keys())进行排序，这里实际上是将词表按单词进行排序，然后逐个读取排序后的键(单词)。第二十四行按照'键(单词)+tab+值(频次)'格式将之输出到 ge_wordlist3.txt 文本中。最后两行关闭文件句柄。

6.5　练　　习

1. 我国几个主要城市的电话区号为：北京 010，广州 020，上海 021，天津 022，重庆 023，沈阳 024，南京 025，武汉 027，成都 028。请用两种方法创建字典，字典的键为上述城市名的汉语拼音，值为上述城市对应的电话区号。

2. 请将 6.4.1 小节的例子，按照单词排序打印结果。

3. 请将 6.4.2 小节的例子，按照词性排序打印结果。

4. 在 6.4.2 小节中生成的词表是按单词字母排序的。请编写代码，生成 ge.txt 词表，按单词的频次逆序排序，并将词表结果保存到文件 ge_wordlist4.txt。

第 7 章　语料库数据处理个案实例

前面 6 章我们结合语料库语言学文本基本处理的实例等，对 Python 语言编程的基础知识(如基本数据结构及其运用、循环和条件判断、正则表达式等)进行了介绍和讨论。本章我们将通过一些个案实例，讨论如何使用 Python 语言解决语料库语言学中常用的文本处理问题。另外，Python 语言有极其丰富的库资源，这些库资源可以帮助我们完成语料库语言学和自然语言处理领域常见的文本处理任务，从而使我们的工作变得更加轻松、方便。本章在处理一些个案时，将会用到如 Natural Language Toolkit (NLTK) 等库资源。

7.1　分句和分词

7.1.1　分句

分句(sentence splitting)就是将字符串按自然句子的形式进行切分。假设我们有如下代码中的一个字符串，该字符串包含两个句子。如果我们对该字符串进行分句处理，就是将该字符串切分成由两个元素(分别为一个句子)构成的列表。NLTK 库提供了专门的分句处理模块。使用 NLTK 库前必须首先引入 NLTK 库，即 import nltk。请看下面的代码。

code7.1.py

```
import nltk

string = "My father's family name being Pirrip, and my
Christian name Philip, my infant tongue could make of both
names nothing longer or more explicit than Pip. So, I
called myself Pip, and came to be called Pip."

# 载入和定义分句器(sentence splitter) sent_tokenizer
```

```
sent_tokenizer=nltk.data.load('tokenizers/punkt/english.pick
le')

# 利用分句器中的 sent_tokenizer.tokenize()函数来分句
sents = sent_tokenizer.tokenize(string)

print(sents)
```

上面代码的第一二句引入 nltk，定义需要分句处理的字符串 string。然后通过 sent_tokenizer=nltk.data.load('tokenizers/punkt/english.pickle')语句载入并定义分句器(sentence splitter)。接下来通过 sent_tokenizer.tokenize()函数来分句。最后的打印结果如下。

```
["My father's family name being Pirrip, and my Christian
name Philip, my infant tongue could make of both names
nothing longer or more explicit than Pip.", 'So, I called
myself Pip, and came to be called Pip.']
```

7.1.2 分词

我们在前面几章做词表的时候，通过将句子中的所有标点符号替换成空格、基于空格将句子切分单词的过程，就是分词(word tokenization)的过程。简单地说，分词就是抽取出句子中的单词，或者说，分词就是将句子转换成一组单词的过程。NLTK 库也提供了分词的模块。请看下面的代码示例。

code7.2.py

```
import nltk
string = "My father's family name being Pirrip, and my
Christian name Philip, my infant tongue could make of both
names nothing longer or more explicit than Pip. So, I
called myself Pip, and came to be called Pip."

string_tokenized = nltk.word_tokenize(string)
```

```
print(string_tokenized)
```

上面代码中的 string 是 Great Expectations 正文的第一段。我们通过 nltk.word_tokenize()函数对 string 变量进行分词。打印结果如下。

```
['My', 'father', "'s", 'family', 'name', 'being', 'Pirrip',
',', 'and', 'my', 'Christian', 'name', 'Philip', ',', 'my',
'infant', 'tongue', 'could', 'make', 'of', 'both', 'names',
'nothing', 'longer', 'or', 'more', 'explicit', 'than',
'Pip.', 'So', ',', 'I', 'called', 'myself', 'Pip', ',',
'and', 'came', 'to', 'be', 'called', 'Pip', '.']
```

从上面的打印结果可见，nltk.word_tokenize()函数将分词后的结果保存为一个列表，列表的每个元素为原字符串中的单词和标点符号。

7.1.3 制作词表 4

我们可以将上述分句和分词的方法，结合上一章 6.4.2 小节讨论的通过字典来制作词频表的方法，制作 ge.txt 文本的词频表。与上一章的词表不同，这里制作的词表使用 nltk.word_tokenize()函数先进行分句和分词处理。另外，我们将词频表按词频由大到小排序。请看下面的代码。

code7.3.py

```
import nltk

file_in = open("/Users/leo/PyCorpus/texts/ge.txt", "r")
file_out =
open("/Users/leo/PyCorpus/texts/ge_wordlist4.txt", "a")

# 下面是对文本进行分句处理
# 结果储存到 all_sentences 列表中
all_sentences = []
sent_tokenizer =
nltk.data.load('tokenizers/punkt/english.pickle')
```

```
for line in file_in.readlines():
    sents = sent_tokenizer.tokenize(line)
    for sent in sents:
        all_sentences.append(sent)

# 下面是对分句后列表中的字符串进行分词处理
# 结果储存到 all_words 列表中
all_words = []
for sent in all_sentences:
    sent_tokenized = nltk.word_tokenize(sent)
    for word in sent_tokenized:
        all_words.append(word.lower())

# 下面是对分词后列表中的字符串进行词频统计
# 结果储存到 wordlist_freq 字典中
wordlist_freq = {}
for word in all_words:
    if word in wordlist_freq.keys():
        wordlist_freq[word] += 1
    else:
        wordlist_freq[word] = 1

# 下面对词频字典按词频逆序排序
# 结果储存到 pairs_reversed 列表中
pairs_reversed = []
for p in wordlist_freq.items():
    pairs_reversed.append([p[1], p[0]])

pairs_reversed_sorted = sorted(pairs_reversed, reverse=True)

# 将逆序词频表写出到 file_out 中
for p in pairs_reversed_sorted:
    file_out.write(p[1] + '\t' + str(p[0]) + '\n')

file_in.close()
```

```
file_out.close()
```

结果如下。

```
,       17050
the     8143
and     7071
i       6611
to      5075
of      4423
a       4040
''      3953
``      3899
.       3187
that    3054
in      3015
was     2831
it      2643
you     2247
he      2237
had     2096
my      2069
me      1858
his     1855
…
```

7.2　词 性 赋 码

7.2.1　词性赋码的基本操作

对文本进行词性赋码(part-of-speech tagging 或 POS tagging)是语料库语言学中最常见的文本处理任务之一。NLTK 库也提供了词性赋码模块。请看下面的代码。

code7.4.py

```
import nltk

string = "My father's family name being Pirrip, and my
Christian name Philip, my infant tongue could make of both
names nothing longer or more explicit than Pip. So, I
called myself Pip, and came to be called Pip."

string_tokenized = nltk.word_tokenize(string)

string_postagged = nltk.pos_tag(string_tokenized)
print(string_postagged)

for i in string_postagged:
      print(i[0] + '_' + i[1])
```

上面代码的第一二句引入 nltk，定义需要分句处理的字符串 string。在词性赋码之前须对句子进行分词处理，所以首先利用 nltk.word_tokenize()函数对 string 进行分词处理。然后，通过 nltk.pos_tag()函数对分词后的列表进行词性赋码。词性赋码后的打印结果如下。

```
[('My', 'PRP$'), ('father', 'NN'), ("'s", 'POS'), ('family',
'NN'), ('name', 'NN'), ('being', 'VBG'), ('Pirrip', 'NNP'),
(',', ','), ('and', 'CC'), ('my', 'PRP$'), ('Christian',
'NNP'), ('name', 'NN'), ('Philip', 'NNP'), (',', ','), ('my',
'PRP$'), ('infant', 'NN'), ('tongue', 'NN'), ('could', 'MD'),
('make', 'VB'), ('of', 'IN'), ('both', 'DT'), ('names',
'NNS'), ('nothing', 'NN'), ('longer', 'NN'), ('or', 'CC'),
('more', 'JJR'), ('explicit', 'JJ'), ('than', 'IN'), ('Pip.',
'NNP'), ('So', 'NNP'), (',', ','), ('I', 'PRP'), ('called',
'VBD'), ('myself', 'PRP'), ('Pip', 'NNP'), (',', ','),
('and', 'CC'), ('came', 'VBD'), ('to', 'TO'), ('be', 'VB'),
('called', 'VBN'), ('Pip', 'NNP'), ('.', '.')]
```

从结果可见，nltk.word_tokenize()函数词性赋码后，返回一个列表，该列表的每个元素是一个元组，每个元组又有两个元素，分别是单词和它的词性码①。

如果直接打印或输出上述结果，可读性不好。为了提高结果的可读性，我们可以将之处理成如'单词_词性'的形式。因此，上面代码的最后利用 for...in 循环提取所有列表元素，并将之整理后进行打印。打印结果如下。

```
My_PRP$
father_NN
's_POS
family_NN
name_NN
being_VBG
Pirrip_NNP
,_,
…
```

7.2.2 将文本分句并词性赋码

在本小节的示例中，我们希望处理某文本，使之按分句形式写出到某文本文件，并且对句子的每个单词进行词性赋码。代码如下。

code7.5.py

```
import nltk

string = "My father's family name being Pirrip, and my
Christian name Philip, my infant tongue could make of both
names nothing longer or more explicit than Pip. So, I
called myself Pip, and came to be called Pip."
```

① NLTK 库的词性码采用的是宾夕法尼亚大学树库词性赋码集(The University of Pennsylvania Treebank Tag-set)。比如，以 N 开头的码是名词，以 V 开头的码是动词，以 J 开头的码是形容词，以 R 开头的码是副词。详见附录 B。

```
# 对字符串进行分句处理
sent_splitter =
nltk.data.load('tokenizers/punkt/english.pickle')
sents_splitted = sent_splitter.tokenize(string)

file_out =
open("/Users/leo/PyCorpus/texts/sent_postagged.txt", "a")

# 对分句后的文本进行词性赋码
for sent in sents_splitted:
    # postag the sentence
    sent_tokenized = nltk.word_tokenize(sent)
    sent_postag = nltk.pos_tag(sent_tokenized)

    # save the postagged sentence in sent_postagged
    for i in sent_postag:
        output = i[0] + '_' + i[1] + ' '
        file_out.write(output)
    file_out.write('\n')

file_out.close()
```

写出的 sent_postagged.txt 结果如下。

```
My_PRP$ father_NN 's_POS family_NN name_NN being_VBG
Pirrip_NNP ,_, and_CC my_PRP$ Christian_NNP name_NN
Philip_NNP ,_, my_PRP$ infant_NN tongue_NN could_MD make_VB
of_IN both_DT names_NNS nothing_NN longer_NN or_CC more_JJR
explicit_JJ than_IN Pip_NNP ._.
So_IN ,_, I_PRP called_VBD myself_PRP Pip_NNP ,_, and_CC
came_VBD to_TO be_VB called_VBN Pip_NNP ._.
```

7.3 词 形 还 原

词形还原(lemmatization)指的是将有屈折变化的单词还原成其原形(base form)。比如，名词 desks 可以还原成 desk，动词 went 或 going 还原成 go 等。NLTK 库内置 wordnet 模块，wordnet 模块中有词形还原工具 WordNetLemmatizer。因此我们可以利用 WordNetLemmatizer 来进行词形还原处理。请看下面的代码示例。

code7.6.py

```
import nltk

from nltk.stem.wordnet import WordNetLemmatizer

lemmatizer = WordNetLemmatizer()

print(lemmatizer.lemmatize('books', 'n'))  # book

print(lemmatizer.lemmatize('went', 'v'))  # go

print(lemmatizer.lemmatize('better', 'a'))  # good

print(lemmatizer.lemmatize('geese'))  # goose
```

上面代码的第一二行分别引入 nltk 库和 WordNetLemmatizer 模块。第三行将 WordNetLemmatizer() 函数赋值给 lemmatizer 变量。

lemmatizer.lemmatize() 可以有两个参数，第一个参数是需要词形还原的单词，第二个参数是单词的词性。由于一般只有实词(名词、动词、形容词、副词)有屈折变化，所以 wordnet 的词形还原工具只接受上述四种实词的词性，并分别用'n'、'v'、'a'、'r'来表示名词、动词、形容词、副词。

比如，lemmatizer.lemmatize('books', 'n') 语句，第一个参数为单词'books'，第二个参数为其词性'n'。返回结果为'book'。

请注意上面代码最后一句 lemmatizer.lemmatize('geese') 中，省略了第二个参数。如果省略第二个参数，则默认单词词性为名词。所以，上面的句子等同于

lemmatizer.lemmatize('geese', 'n')。

上面代码演示的是最基本的利用 wordnet 的词形还原工具来进行单个单词的词形还原。如果我们有一个较长文本，而不是单个的单词，利用 wordnet 词形还原工具就比较繁琐。比如，我们需要先对文本进行分词和词形赋码处理，然后逐个提取单词及其词性码，还需要将词性码转换成 wordnet 词形还原工具可接受的词性码，最后才能通过 wordnet 工具进行词形还原。

当然，我们也可以运用其他工具进行词形还原处理。比如，Stanford CoreNLP 软件包的词形还原工具来进行文本的词形还原处理。具体方法我们将在本章 7.12 小节讨论 。

7.4 抽取词块

语料库语言学研究的一个热点问题是对词块(Ngrams 或 chunks)的研究。根据抽取词块的长度，可以将词块分为一词词块(单词)、二词词块、三词词块、四词词块等。比如从字符串"To be or not to be"中可以抽取出五个二词词块"To be"、"be or"、"or not"、"not to"、"to be"。

NLTK 库中有 ngrams 模块，该模块的 ngrams()函数可以从字符串中提取出词块。其基本用法为 ngrams(string, n)，即 ngrams()有两个参数，第一个参数为字符串，第二个参数为提取词块的长度。请看下面的代码。

code7.7.py

```
import nltk
from nltk.util import ngrams

string = "My father's family name being Pirrip, and my
Christian name Philip, my infant tongue could make of both
names nothing longer or more explicit than Pip. So, I
called myself Pip, and came to be called Pip."

string_tokenized = nltk.word_tokenize(string.lower())

n = 4

n_grams = ngrams(string_tokenized, n)
```

```
for grams in n_grams:
   print(grams)
```

我们首先通过 import nltk 和 from nltk.util import ngrams 两个语句引入 nltk 和 ngrams 模块。然后，通过 nltk.word_tokenize(string.lower())语句对 string 小写和分词处理，并定义抽取词块的长度($n = 4$)。接下来，通过 ngrams(string_tokenized, n)来提取 string 中长度为 4 的词块。最后，通过 for...in 循环对提取的词块进行打印。结果如下。

```
('my', 'father', "'s", 'family')
('father', "'s", 'family', 'name')
("'s", 'family', 'name', 'being')
('family', 'name', 'being', 'pirrip')
('name', 'being', 'pirrip', ',')
('being', 'pirrip', ',', 'and')
('pirrip', ',', 'and', 'my')
...
(',', 'and', 'came', 'to')
('and', 'came', 'to', 'be')
('came', 'to', 'be', 'called')
('to', 'be', 'called', 'pip')
('be', 'called', 'pip', '.')
```

当然，我们可以根据研究需要对上面的结果做进一步的处理，比如删除类似最后一个词块含有标点符号元素的元组(词块)。下面的代码查找并删除上面代码生成的 n_grams 列表中含有非字母非数字字符元素的元组(词块)，并只打印其他词块。

code7.8.py

```
import re
import nltk
from nltk.util import ngrams
```

```
string = "My father's family name being Pirrip, and my
Christian name Philip, my infant tongue could make of both
names nothing longer or more explicit than Pip. So, I
called myself Pip, and came to be called Pip."

string_tokenized = nltk.word_tokenize(string.lower())
n = 4
n_grams = ngrams(string_tokenized, n)


n_grams_AlphaNum = []

for gram in n_grams:
     # to test if there is any non-alphanumeric character
in the ngrams
     if re.search(r'^\W+$', gram[0]) or re.search(r'^\W+$',
gram[1]) or re.search(r'^\W+$', gram[2]) or
re.search(r'^\W+$', gram[3]):
            continue  # if there is, do nothing
     else:
           n_grams_AlphaNum.append(gram)

for i in n_grams_AlphaNum:
      print(i)
```

7.5　计算搭配强度

搭配是语言地道与否的标志，是区分本族语者和非本族语者语言的重要指标，因此，语料库语言学和语言教学都非常重视搭配的研究。比如，汉语的“吃饭”是动词与名词搭配，动词“吃”和名词“饭”搭配，而英语更多地说“have meal”，很少说“eat meal”；汉语既可以说“喝茶”，也可以说“吃茶”，而英语只能说“drink tea”，不会说“eat tea”；同样，汉语说“吃药”，而英语说“take medicine”。计算语言学领域也非常重视搭配的研究。计算语言学领域有时候将上一小节中提到的 Ngrams 也称作搭配。

我们可以通过简单计算 Ngrams 频次的方法来计算搭配强度，也可以用卡方(Chi-square)、互信息(Pointwise Mutual information, PMI)、对数似然比（Log-likelihood ratio）等检验方法来计算搭配的强度。NLTK 库提供了计算上述几种检验方法来计算 Bigrams 和 Ngrams 强度的模块。

本小节将讨论如何计算 Ngrams 频次，如何计算 Ngrams 的卡方值、PMI 值等。另外，我们在 7.12 小节讨论 Stanford CoreNLP 软件包的使用时，也将讨论如何利用句法分析的方法来提取动词-名词、形容词-名词等搭配，并计算它们的搭配强度。

7.5.1　计算搭配的频次

在 7.4 小节中，我们提取了文本的词块(Ngrams)，对提取的词块做了清洁处理，并将处理结果保存到 n_grams_AlphaNum 列表中。我们可以通过这些词块的频次来表示它们的强度，比如只提取频次大于等于 2 的词块。请看下面的代码。

code7.9.py

```
# to compute the frequency of ngrams in n_grams_AlphaNum
# put this snippet of code after the second snippet of code
in Section 7.4
freq_dict = {}

for i in n_grams_AlphaNum:
    if i in freq_dict.keys():
        freq_dict[i] +=1
    else:
        freq_dict[i] = 1

for j in freq_dict.keys():
    if freq_dict[j] >=2:
        print(j[0], j[1], j[2], j[3], '\t', freq_dict[j])
```

在上面的代码中，我们首先定义了一个空字典 freq_dict，用来保存词块及其频次。接下来通过一个 for...in 循环来计算 n_grams_AlphaNum 中词块的频次，将词块和频次保存到 freq_dict 字典中。最后，通过 for...in 循环遍历字典的词块，如果词块频次大于等于 2，则整理后进行打印。由于例中的文本非常小，提取的四词词块频次均为 1，所以本例中没有打印结果。读者可以用一个较大文本进行实验。

7.5.2 计算二词词块的搭配强度

NLTK 库的 collocations 模块提供了 BigramAssocMeasures 等函数来计算二词词块的频次。请看下面的代码。

code7.10.py

```
import nltk
import nltk.collocations

string = '''I give Pirrip as my father's family name, on
the authority of his tombstone and my sister,--Mrs. Joe
Gargery, who married the blacksmith. As I never saw my
father or my mother, and never saw any likeness of either
of them (for their days were long before the days of
photographs), my first fancies regarding what they were like
were unreasonably derived from their tombstones. The shape
of the letters on my father's, gave me an odd idea that he
was a square, stout, dark man, with curly black hair.'''

string_tokenized = nltk.word_tokenize(string.lower())

finder =
nltk.collocations.BigramCollocationFinder.from_words(string_
tokenized)
print(finder)

bgm = nltk.collocations.BigramAssocMeasures()
scored = finder.score_ngrams(bgm.likelihood_ratio)
```

```
print(scored)
```

上面的代码中，我们首先引入 nltk.collocations 和定义需处理的文本，然后通过 nltk.word_tokenize 对文本进行分词处理。接下来，我们通过 nltk.collocations 中的 BigramCollocationFinder.from_words() 函数提取分词后文本的二词词块，并将之赋值给 finder。如果我们执行 print(finder)，返回的结果为 <nltk.collocations.Bigram CollocationFinder object at 0x919eacc>，也就是说，finder 实际上是一个 Bigram CollocationFinder 对象。

接下来，我们定义 nltk.collocations.BigramAssocMeasures()，并通过 finder.score_ngrams() 函数来计算 Bigrams 的 likelihood_ratio 值。finder.score_ngrams() 只有一个参数，即需要计算的统计检验名称，我们可以将之定义为 bgm.likelihood_ratio、bgm.student_t、bgm.chi_sq、bgm.pmi、bgm.dice 等。在本例中，我们将搭配强度检验方法定义为 bgm.likelihood_ratio。最后，打印结果。结果如下。

```
[…(('never', 'saw'), 19.72723845113078), (('my', 'father'),
18.8106944789587), (('father', "'s"), 15.908153441361907),
(('(', 'for'), 11.259717665313662), (('a', 'square'),
11.259717665313662), ... (("'s", ','), 2.6017255336857463),
((',', 'and'), 2.6017255336857463), ((',', 'on'),
2.6017255336857463), (('of', 'the'), 1.578290532437763),
((',', 'my'), 0.5543159144949934)…]
```

7.5.3　计算三词词块的搭配强度

与计算二词词块搭配强度相似，NLTK 库的 collocations 模块提供 TrigramAssocMeasures 等函数来计算三词词块的频次。请看下面的代码。

code7.11.py

```
import nltk
import nltk.collocations


string = '''I give Pirrip as my father's family name, on
```

```
the authority of his tombstone and my sister,--Mrs. Joe
Gargery, who married the blacksmith. As I never saw my
father or my mother, and never saw any likeness of either
of them (for their days were long before the days of
photographs), my first fancies regarding what they were like
were unreasonably derived from their tombstones. The shape
of the letters on my father's, gave me an odd idea that he
was a square, stout, dark man, with curly black hair. '''

string_tokenized = nltk.word_tokenize(string.lower())

bgm = nltk.collocations.TrigramAssocMeasures()
finder =
nltk.collocations.TrigramCollocationFinder.from_words(string
_tokenized)
scored = finder.score_ngrams(bgm.likelihood_ratio)

print(scored)
```

上面代码与二词词块搭配强度计算的唯一不同在于，我们将 BigramAssocMeasures 换成了 TrigramAssocMeasures。在计算三词词块搭配强度时，我们同样可以用 bgm.likelihood_ratio、bgm.student_t、bgm.chi_sq、bgm.pmi 等检验方法。在本例中，我们将搭配强度检验方法定义为 bgm.likelihood_ratio。最后，打印结果。结果如下。

```
[…(('an', 'odd', 'idea'), -22.519435330627307), (('black',
'hair', '.'), -22.519435330627307), (('curly', 'black',
'hair'), -22.519435330627307), ... (('my', 'mother', ','), -
113.44068270573555), ((',', 'on', 'the'), -
118.53120775184044), ((',', 'stout', ','), -
124.54964016885566)…]
```

7.6　删除词表中的停用词

停用词(stopwords)是指文本中出现的非常高频的代词、介词、副词等词类。我们在分析词表时，往往需要分析实词，而可能并不关心停用词。因此，我们可以通过 Python 来删除词表中的停用词，以聚焦于分析词表中的其他词。NLTK 库中内置多种语言的停用词表，我们可以通过 stopwords.words ('english')语句引用英语停用词表。请看下面的代码。

code7.12.py

```
import nltk
from nltk.corpus import stopwords

stopwords_list = stopwords.words('english')
print(stopwords_list)
string = "My father's family name being Pirrip, and my
Christian name Philip, my infant tongue could make of both
names nothing longer or more explicit than Pip. So, I
called myself Pip, and came to be called Pip."

wordlist = nltk.word_tokenize(string.lower())

for word in wordlist:
    if word not in stopwords_list:
        print(word)
```

在上面的代码中，我们首先引入 nltk 和 stopwords 库，然后将英语的停用词表赋值给 stopwords_list。如果我们打印该停用词表，其结果如下。

```
['i', 'me', 'my', 'myself', 'we', 'our', 'ours',
'ourselves', 'you', 'your', 'yours', 'yourself',
'yourselves', 'he', 'him', 'his', 'himself', 'she', 'her',
'hers', 'herself', 'it', 'its', 'itself', 'they', 'them',
'their', 'theirs', 'themselves', 'what', 'which', 'who',
```

```
'whom', 'this', 'that', 'these', 'those', 'am', 'is',
'are', 'was', 'were', 'be', 'been', 'being', 'have', 'has',
'had', 'having', 'do', 'does', 'did', 'doing', 'a', 'an',
'the', 'and', 'but', 'if', 'or', 'because', 'as', 'until',
'while', 'of', 'at', 'by', 'for', 'with', 'about',
'against', 'between', 'into', 'through', 'during',
'before', 'after', 'above', 'below', 'to', 'from', 'up',
'down', 'in', 'out', 'on', 'off', 'over', 'under', 'again',
'further', 'then', 'once', 'here', 'there', 'when',
'where', 'why', 'how', 'all', 'any', 'both', 'each', 'few',
'more', 'most', 'other', 'some', 'such', 'no', 'nor',
'not', 'only', 'own', 'same', 'so', 'than', 'too', 'very',
's', 't', 'can', 'will', 'just', 'don', 'should', 'now']
```

接下来，我们定义需处理的文本，通过 nltk.word_tokenize()函数对该文本进行分词处理，制作文本词表，并赋值给 wordlist 变量。最后，for...in 对 wordlist 中的单词循环遍历，如果单词不在停用词表中，则将之打印出来。

7.7　语料检索的 KWIC 实现

在使用 Wordsmith 或 AntConc 软件检索关键词时，经常看到返回结果时使用了 Key Word in Context (KWIC)的显示方式，即将检索的关键词放在中间对齐的中间位置，关键词左右各留出一定数量的单词或字符作为语境，以方便研究者在一定语境中阅读关键词。NLTK 库有 concordance()函数可以实现关键词的 KWIC 检索。

请看下面的例子。我们希望在 ge.txt 文本中检索关键词'but'，并用 KWIC 形式返回检索结果。代码如下。

code7.13.py

```
import nltk

file_in = open('/Users/leo/PyCorpus/texts/ge.txt', 'r')
raw_text = file_in.read()
```

```
tokens = nltk.word_tokenize(raw_text)

nltk_text = nltk.Text(tokens)

nltk_text.concordance('but')
```

上面代码中，首先引入 nltk，然后定义 ge.txt 文件句柄。下面两行读取 ge.txt，并将之进行分词处理。倒数第二行代码，通过 nltk.Text()函数将分词后的文本列表转换成 nltk 的 Text 数据，因为 concordance()只能检索 nltk 的 Text 数据。最后一行，利用 concordance()对'but'进行检索。

concordance()函数的基本格式为：concordance(keyword, width = 75, lines = 25)，其中 keyword 为检索的关键词，返回结果默认有 75 个字符，默认返回 25 行检索行。如果选择默认设置，则不用在 concordance()中设置参数。也可以将 width 和 lines 设置成其他值，比如 concordance(keyword, width = 100, lines = 80)，则返回结果为 100 个字符，语境更大，返回 80 行检索行。

上面代码的返回结果如图 7.1 所示。

```
Building index...
Displaying 25 of 1039 matches:
my pockets. There was nothing in them but a piece of bread. When the church cam
 think himself comfortable and safe , but that young man will softly creep and
e , and made the best use of my legs. but presently I looked over my shoulder ,
 man , and could see no signs of him. but now I was frightened again , and ran
upon our usual friendly competition ; but he found me , each time , with my yel
 , all aghast. " Manners is manners , but still your elth 's your elth. " By th
the last to tell upon you , any time. but such a-- " he moved his chair and loo
boy I 've been among a many Bolters ; but I never see your Bolting equal yet ,
tjack. Joe got off with half a pint ; but was made to swallow that ( much to hi
ul thing when it accuses man or boy ; but when , in the case of a boy , that se
nd would n't starve until to-morrow , but must be fed now. At other times , I t
terror , mine must have done so then. but , perhaps , nobody 's ever did ? It w
, that I could make out nothing of it but the single word " Pip. " " There was
s by her even if I did ask questions. but she never was polite unless there was
h into the form of saying , " her ? " but Joe would n't hear of that , at all ,
rm of a most emphatic word out of it. but I could make nothing of the word. " M
r , as if she did n't quite mean that but rather the contrary. " From the Hulks
s nearly going away without the pie , but I was tempted to mount upon a shelf ,
 I was getting on towards the river ; but however fast I went , I could n't war
ed up , and it was not the same man , but another man ! And yet this man was dr
down this time to get at what I had , but left me right side upwards while I op
 said he , " I believe you. You 'd be but a fierce young hound indeed , if at y
 want , he hears nothin ' all night , but guns firing , and voices calling. Hea
nd he looked up at it for an instant. but he was down on the rank wet grass , f
an old chafe upon it and was bloody , but which he handled as roughly as if it
```

图 7.1　concordance()函数检索结果示例

7.8　句子检索相关个案

本小节我们讨论两个句子检索相关的个案。第一个个案，我们检索文本中含有某个单词或某类单词的句子。第二个个案，我们检索文本中的被动句。

7.8.1　检索所有含有某单词的句子

在本个案中，我们首先检索 ge.txt 文本中含有“children”一词的句子。我们允许 c 字母大写或小写。请看下面的代码。

code7.14.py

```
import re

file_in = open("/Users/leo/PyCorpus/texts/ge.txt", "r")
file_out = open("/Users/leo/PyCorpus/texts/ge_children.txt",
"a")

for line in file_in.readlines():
    if re.search(r'[Cc]hildren', line):
        file_out.write(line)

file_in.close()
file_out.close()
```

上面代码中，我们首先引入 re，并定义读入的 ge.txt 和写出的 ge_children.txt 文件句柄。然后，我们通过 for...in 循环遍历读入文本的句子，如果句子中含有 r'[Cc]hildren'，则将它们写出到 ge_children.txt 文本中。最后，关闭两个文件句柄。值得注意的是，我们没有对 ge.txt 进行文本清洁处理，所以提取出来的句子并不是完整的语法意义上的“句子”。读者也可先对文本进行清洁处理，然后再进行本例中的提取句子任务。

7.8.2　检索所有含有以“-tional”结尾单词的句子

下面我们检索 ge.txt 文本中含有以“-tional”结尾单词的句子。请见下面的代码。与上面的代码相比，我们做了两点改动。一是将写出的文本名改成了 “ge_tional.txt”，二是将检索的正则表达式改成了 r'\w+tional\b'，其中'\b'表示词的边界。

code7.15.py

```
import re

file_in = open("/Users/leo/PyCorpus/texts/ge.txt", "r")
file_out = open("/Users/leo/PyCorpus/texts/ge_tional.txt",
"a")

for line in file_in.readlines():
    if re.search(r'\w+tional\b', line):
        file_out.write(line + '\n')

file_in.close()
file_out.close()
```

7.9　实现 Range 软件功能

学术英语词汇研究是应用语言学和学术用途英语领域的重要研究课题。Nation（2001）[①]将词汇分成常用词汇、学术词汇、科技术语、罕见词等几类。Nation（2001）认为，学习者往往先学习常用词汇，然后再学习学术词汇，最后学习科技术语和罕见词。常用词汇一般指 West（1953）[②]开发的通用词表（General Service List，GSL）包含的英语中最常用的 2000 个词汇（或词族）。学者们也开发了诸多学术英语词表，以帮助研究者学习和使用学术英语词汇，其中，Coxhead（2000）[③]开发的学术英语词表（Academic Word List，AWL）是近年来影响最大的学术英语词表，该词表包括 570 个高频学术词汇（或词族）。为了更好地帮助研究者

① Nation, I.S.P. (2001). *Learning Vocabulary in Another Language*. Cambridge: Cambridge University Press.

② West, M. (1953). *A General Service List of English Words*. London: Longman, Green & Co.

③ Coxhead, A. (2000). A new academic word list. *TESOL Quarterly,* 34, 213-238.

将 AWL 词表应用于研究和教学资料开发，Paul Nation 还开发了 Range 软件。该软件内置 GSL 中最常见 1000 个词汇(以下简称 GSL1000)、GSL 中最常见 2000 个词汇(以下简称 GSL2000)和 AWL 三个词表。Range 软件可以分析语料库文本中的哪些词汇属于 GSL1000、GSL2000 和 AWL 词表，并汇报三个词表词汇的数量及其占文本所有词汇数量的百分比(覆盖率)。

本小节我们将编写代码，实现 Range 软件的词汇分析功能。上述三个词表(GSL1000、GSL2000 和 AWL)在"/Users/leo/PyCorpus/texts/"文件夹中[①]，我们将它们分别命名为 GSL1000.txt、GSL2000.txt 和 AWL.txt。下面的代码将分析 ge.txt 文本的单词分属上面三个词表的数量和所占的百分比。

为实现 Range 软件的功能，大致需要四个步骤。首先，需要读入文本，建立文本的词频表；其次，读入 GSL1000.txt、GSL2000.txt 和 AWL.txt 三个词表；再次，分析读入文本的哪些词汇分属于上述三个词表，并统计它们的数量和所占百分比；最后，将结果写出到新建的文本文件中。下面，我们将根据上述步骤分四个部分介绍展示代码内容。

下面是代码的第一部分，建立 ge.txt 文本的单词频次表。我们首先读入 ge.txt 文本，然后通过正则表达式'\W'将所有非字母和数字部分替换成空格，再通过 split()函数进行分词，并将分词后的单词储存到 all_words 列表中(详细解释请读者参考 5.8.4 小节制作词表部分的讲解)。接下来，我们定义一个空的字典 wordlist_freq_dict，以制作 ge.txt 文本单词的频次表。我们循环遍历 all_words 列表中的单词，如果单词在字典的键(key)中，则其频次加 1；否则，其频次为 1。这样，我们将单词储存为字典的键，而词频为字典的值(value)。

code7.16a.py

```
# Recognizing_gsl_awl_words.py, Part 1

# the following is to make the wordlist with freq
# and store the info in a dictionary (wordlist_freq_dict)

import re
file_in = open("/Users/leo/PyCorpus/texts/ge.txt", "r")
all_words = []
for line in file_in.readlines():
    line2 = line.lower()
```

① 三个词表文本均从 http://www.lextutor.ca/freq/lists_download/网站下载。

```
    line3 = re.sub(r'\W', r' ', line2)
    wordlist = line3.split()
    for word in wordlist:
        all_words.append(word)

wordlist_freq_dict = {}
for word in all_words:
    if word in wordlist_freq_dict.keys():
        wordlist_freq_dict[word] += 1
    else:
        wordlist_freq_dict[word] = 1
file_in.close()
```

下面是代码的第二部分，读入 GSL1000.txt、GSL2000.txt 和 AWL.txt 三个词表。我们首先建立一个空的字典 gsl_awl_dict，然后分别读取上述三个词表文件，将词表的单词储存为字典的键，将三个词表单词所对应的字典键分别定义为 1，2，3。

code7.16b.py

```
# Recognizing_gsl_awl_words.py, Part 2

# the following is to read the GSL and the AWL words
# and save them in a dictionary
gsl1000_in = open("/Users/leo/PyCorpus/texts/GSL1000.txt",
"r")
gsl2000_in = open("/Users/leo/PyCorpus/texts/GSL2000.txt",
"r")
awl_in = open("/Users/leo/PyCorpus/texts/AWL.txt", "r")

gsl_awl_dict = {}
for word in gsl1000_in.readlines():
    gsl_awl_dict[word.strip()] = 1
for word in gsl2000_in.readlines():
    gsl_awl_dict[word.strip()] = 2
```

```
for word in awl_in.readlines():
    gsl_awl_dict[word.strip()] = 3

gsl1000_in.close()
gsl2000_in.close()
awl_in.close()
```

下面是代码的第三部分，分析读入文本的哪些词汇分属于上述三个词表，并统计它们的数量和所占百分比。我们首先分别定义四个空的字典变量，以分别储存上述三个词表的单词、频次(gsl1000_words, gsl2000_words, awl_words)和上述三个词表以外的单词(other_words)。首先，循环遍历 wordlist_freq_dict 的键，也就是 ge.txt 文本的单词(wordlist_freq_dict.keys())，如果单词不在 GSL 和 AWL 词表中(if word not in gsl_awl_dict.keys())，则 other_words 字典的键为该单词，值为 4(other_words[word] = 4)；如果单词在 GSL1000 中，则 gsl1000_words 字典的键为该单词，值为该单词在 ge.txt 文本中的频次；以此类推。

code7.16c.py

```
# Recognizing_gsl_awl_words.py, Part 3-1

# the following is to categorize the words in
wordlist_freq_dict
# into dictionaries of GSL1000 words, GSL2000 words, AWL
words or others

gsl1000_words = {}
gsl2000_words = {}
awl_words = {}
other_words = {}

for word in wordlist_freq_dict.keys():
    if word not in gsl_awl_dict.keys():
        other_words[word] = 4
    elif gsl_awl_dict[word] == 1:
        gsl1000_words[word] = wordlist_freq_dict[word]
```

```
    elif gsl_awl_dict[word] == 2:
        gsl2000_words[word] = wordlist_freq_dict[word]
    elif gsl_awl_dict[word] == 3:
        awl_words[word] = wordlist_freq_dict[word]
```

然后，我们计算各个词表单词的总频次，并将它们分别储存到 gsl1000_freq_total 等变量中。其计算方法为，先定义一个值为 0 的变量(如 gsl1000_freq_total = 0)，如果某单词在 GSL1000 中，则其频次加其在 ge.txt 中的频次。

code7.16d.py

```
# Recognizing_gsl_awl_words.py, Part 3-2

# compute freq total
gsl1000_freq_total = 0
gsl2000_freq_total = 0
awl_freq_total = 0
other_freq_total = 0
for word in gsl1000_words:
    gsl1000_freq_total += wordlist_freq_dict[word]
for word in gsl2000_words:
    gsl2000_freq_total += wordlist_freq_dict[word]
for word in awl_words:
    awl_freq_total += wordlist_freq_dict[word]
for word in other_words:
    other_freq_total += wordlist_freq_dict[word]
```

接下来，计算各个词表单词词形的数量，计算方法比较简单，单词词形的数量即是各字典的长度。然后，将各部分单词总频次相加，以计算 ge.txt 文本单词的总频次；将各部分单词词形数量相加，以计算 ge.txt 文本单词词形的总数量。

code7.16e.py

```
# Recognizing_gsl_awl_words.py, Part 3-3
```

```
# to compute the number of words in gsl1000, gsl2000, awl
and other words
gsl1000_num_of_words = len(gsl1000_words)
gsl2000_num_of_words = len(gsl2000_words)
awl_num_of_words = len(awl_words)
other_num_of_words = len(other_words)

freq_total = gsl1000_freq_total + gsl2000_freq_total +
awl_freq_total + other_freq_total
num_of_words_total = gsl1000_num_of_words +
gsl2000_num_of_words + awl_num_of_words +
other_num_of_words
```

下面是代码的第四部分，将结果写出到 range_wordlist_results.txt 文本中。首先打开一个写出 range_wordlist_results.txt 文本的文件句柄。然后，在文本中写出文本的标题 'RESULTS OF WORD ANALYSIS'，标题后面空两行 '\n\n'(file_out.write('RESULTS OF WORD ANALYSIS\n\n'))。然后，分别写出文本的总词形数量和各部分的词形数量。请注意，写出到文本的内容必须是字符串，因此，当写出内容为数值变量时，必须先用 str()函数将其转换成字符串，如 str(num_of_words_total)。

code7.16f.py

```
# Recognizing_gsl_awl_words.py, Part 4-1

# the following is to write out the results
# first, define the file to save the results
file_out =
open("/Users/leo/PyCorpus/texts/range_wordlist_results.txt",
"a")

# then, write out the results
file_out.write('RESULTS OF WORD ANALYSIS\n\n')
file_out.write('Total No. of word types in Great
```

```
Expectations: ' + str(num_of_words_total) + '\n\n')
file_out.write('No. of GSL1000 word types: ' +
str(gsl1000_num_of_words) + '\n')
file_out.write('No. of GSL2000 word types: ' +
str(gsl2000_num_of_words) + '\n')
file_out.write('No. of AWL word types: ' +
str(awl_num_of_words) + '\n')
file_out.write('No. of other word types: ' +
str(other_num_of_words) + '\n')
```

接下来，分别写出文本单词总频次、各部分单词的总频次和各部分单词频次所占总频次的百分比。有一个问题需要注意：由于各部分单词频次和总频次均为整数型数值，在 Python 2.7 中，整数型数值相除的结果依然为整数型数值，因此，在计算百分比时，需先将整数型数值转换成浮点型数值，如 float(freq_total)。

code7.16g.py

```
# Recognizing_gsl_awl_words.py, Part 4-2

file_out.write('\n\n')
file_out.write('Total word frequency of Great Expectations:'
+ str(freq_total) + '\n\n')

file_out.write('Total frequency of GSL1000 words: ' +
str(gsl1000_freq_total) + '\n')
file_out.write('Frequency percentage of GSL1000 words: ' +
str(gsl1000_freq_total / float(freq_total)) + '\n\n')

file_out.write('Total frequency of GSL2000 words: ' +
str(gsl2000_freq_total) + '\n')
file_out.write('Frequency percentage of GSL2000 words: ' +
str(gsl2000_freq_total / float(freq_total)) + '\n\n')

file_out.write('Total frequency of AWL words: ' +
str(awl_freq_total) + '\n')
```

```
file_out.write('Frequency percentage of AWL words: ' +
str(awl_freq_total / float(freq_total)) + '\n\n')

file_out.write('Total frequency of other words: ' +
str(other_freq_total) + '\n')
file_out.write('Frequency percentage of other words: ' +
str(other_freq_total / float(freq_total)) + '\n')
```

最后，我们分别将三个词表的单词及频次和三个词表以外的单词及频次写出到结果文件。

code7.16h.py

```
# Recognizing_gsl_awl_words.py, Part 4-3

# write out the GSL1000 words
file_out.write('\n\n')
file_out.write('##########\n')
file_out.write('Words in GSL1000\n\n')
for word in sorted(gsl1000_words.keys()):
    file_out.write(word + '\t' + str(gsl1000_words[word]) +
'\n')

# write out the GSL2000 words
file_out.write('\n\n')
file_out.write('##########\n')
file_out.write('Words in GSL2000\n\n')
for word in sorted(gsl2000_words.keys()):
    file_out.write(word + '\t' + str(gsl2000_words[word]) +
'\n')

# write out the AWL words
file_out.write('\n\n')
file_out.write('##########\n')
file_out.write('Words in AWL\n\n')
```

```
for word in sorted(awl_words.keys()):
     file_out.write(word + '\t' + str(awl_words[word]) +
'\n')

# write out other words
file_out.write('\n\n')
file_out.write('##########\n')
file_out.write('Other words\n\n')
for word in sorted(other_words.keys()):
     file_out.write(word + '\t' +
str(wordlist_freq_dict[word]) + '\n')

file_out.close()
```

下面是写出的结果示例。

```
RESULTS OF WORD ANALYSIS

Total No. of word types in Great Expectations: 10764

No. of GSL1000 word types: 2603
No. of GSL2000 word types: 1871
No. of AWL word types: 713
No. of other word types: 5577


Total word frequency of Great Expectations:188955

Total frequency of GSL1000 words: 160209
Frequency percentage of GSL1000 words: 0.847868540128602

Total frequency of GSL2000 words: 9936
Frequency percentage of GSL2000 words: 0.052583948559180756
```

```
Total frequency of AWL words: 2203
Frequency percentage of AWL words: 0.011658860575269244

Total frequency of other words: 16607
Frequency percentage of other words: 0.08788865073694795


##########
Words in GSL1000
a       4054
abilities   3
ability     1
able  32
about 320
…
##########
Words in GSL2000
abroad      10
absence     6
absent      6
absolute    3
absolutely  7
…
##########
Words in AWL

abandoned   2
abstraction 1
abstracts   1
access      1
accommodated      1
…
##########
Other words
```

```
1       1
1867    1
2       3
4       1
aback 1
abased       1
...
```

从结果可见，Great Expectations 文本共有词形数 10764 个，总单词数(总频次)188955 个，其中 GSL1000 词汇占 84.78%，GSL2000 词汇占 5.26%，AWL 词汇占 1.17%，其他词汇占 8.79%。根据先前学术词汇研究相关结果①，学术文本中 AWL 词汇大致占学术文本总频次 8%～10%。而 Great Expectations 文本为小说体裁，因此其 AWL 词汇仅占 1.17%。

7.10　读取多个文本文件

在前面的章节中，我们示范了如何读取单个文本文件，并对之进行相关文本处理。在语料库语言学研究中，语料库往往储存在多个文本中。本小节，我们将首先介绍如何读取文件夹中多个文本的文件名；然后介绍如何读取多个文件，并将它们合并成一个文本；最后介绍如何读取多个子文件夹中的文本。

7.10.1　读取文件夹中多个文件的文件名

本小节我们提供示例：如何读取某文件夹中多个文件的文件名。我们需要完成的任务是打印“/Users/leo/PyCorpus/texts/”文件夹所有 txt 文本文件。请看下面的代码。

code7.17.py

```
import os

target_dir = '/Users/leo/PyCorpus/texts/'
```

①如 Coxhead, A. (2011). The academic word list ten years on: Research and teaching implications. *TESOL Quarterly, 45*, 355-362.

```
files = os.listdir(target_dir)

for file in files:
      if file.endswith(r".txt"):
              print(file)
```

首先通过 import os 语句引入 os 库，然后，定义需要读取的目标文件夹路径和文件夹名。接下来，通过 os.listdir() 函数来读入文件夹中的所有文件名。os.listdir() 函数需要一个参数，是需要读取的文件夹的路径和文件夹名。它将读取的文件夹中的所有文件名保存为一个列表，列表的每个元素为一个文件名。下面的 for...in 循环遍历读取的文件名，如果文件名以“.txt”结尾，则打印该文件名。

7.10.2　合并多个文本

本小节我们读取“/Users/leo/PyCorpus/texts/”文件夹中所有的 txt 文本文件，并将这些文本文件的内容合并到一个新建的文本文件“files_combined.txt”中。请看下面的代码。

code7.18.py

```
import os

target_dir = '/Users/leo/PyCorpus/texts/'

files = os.listdir(target_dir)

file_out = open(target_dir + 'files_combined.txt', 'a')

for file in files:
     if file.endswith(r".txt"):
            file_in = open(target_dir + file, 'r')
            text = file_in.readlines()
            for t in text:
                  file_out.write(t)
            file_in.close()
```

```
file_out.close()
```

上面代码前三行与 7.10.1 小节一样，引入 os，定义目标文件夹，并用 os.listdir() 函数来读取所有文件夹中的文件名。然后，定义写出合并文本的文件路径和文件名，并将之赋值给文件句柄 file_out。

接下来，用 for...in 循环读取文件名，如果文件名以“.txt”结尾，则打开该文件。这里需注意，读取的文件名没有包含其路径，所以在打开文件时，需使用如 open(target_dir + file, 'r') 这样的语句，在文件名前加路径。

然后，读取文件内容，使用 for...in 循环遍历其内容，并将文件内容写出到 file_out 文件句柄。最后，关闭文件句柄。

7.10.3　读取多个子文件夹文本

前面两个小节我们介绍了如何利用 os.listdir() 函数读取一个文件夹中的多个文本。但是，如果文件夹中含有子文件夹，os.listdir() 函数并不能读取子文件夹中的文本。在语料库研究中，文本往往可能储存在一个文件夹下的多个子文件夹中，如果要读取子文件夹中的文本，就需要使用 os 模块的 os.walk() 函数。

我们来看下面的例子。假设语料库为“/Users/leo/PyCorpus/texts/”文件夹中的所有以.txt 结尾的文本文件。该文件夹中又有“/Users/leo/PyCorpus/texts/temp_folder/”子文件夹，该子文件夹中也有数个文本文件。下面的代码展示如何读取“/Users/leo/PyCorpus/texts/”文件夹(包括子文件)中的所有文本文件。

code7.19.py

```
import os
rootdir = '/Users/leo/PyCorpus/texts/'
allfiles = []
for root, subFolders, files in os.walk(rootdir):
    for file in files:
        allfiles.append(os.path.join(root, file))
for i in allfiles:
    if i.endswith('.txt'):
        print(i)
```

上面代码的第一二行，我们首先通过 import os 引入 os 模块，然后定义语料库所在的文件夹(rootdir = '/Users/leo/PyCorpus/texts/')。第三行，我们定义一个空列表 allfiles，用以储存所有带有绝对路径的文件名。第四行，我们循环遍历 rootdir 文件夹中的根目录(root)、子目录(subFolders)和根目录下所有带有绝对路径的文件名(files)。其中，最重要的是 files，它是一个列表，包含所有根目录下(含子文件夹）带有绝对路径的文件名。读者可以在该循环下加如下三行代码，打印出 root, subFolders, files 的内容，以更深入了解它们的内容。代码如下。

code7.20.py

```
...
for root, subFolders, files in os.walk(rootdir):
     # print("root: ", root)
     # print("subFolders: ", subFolders)
     # print("files: ", files, '\n')
...
```

第五六行，循环遍历 files 列表，将所有带有绝对路径的文件名添加到 allfiles 列表中。由于我们仅仅需要获得以.txt 结尾的文本文件名，所以，第七至九行循环遍历所有以.txt 结尾的文件，并将它们打印出来。结果如下。读者练习此代码时，由于文件夹的内容不同，可能结果与下面的结果有小的差异。

```
/Users/leo/PyCorpus/texts/AWL.txt
/Users/leo/PyCorpus/texts/bitext.txt
/Users/leo/PyCorpus/texts/bitext_cn.txt
/Users/leo/PyCorpus/texts/bitext_en.txt
/Users/leo/PyCorpus/texts/cn_sample.txt
/Users/leo/PyCorpus/texts/cn_sample_segmented.txt
/Users/leo/PyCorpus/texts/cn_sample_segmented_tagged.txt
/Users/leo/PyCorpus/texts/ge.txt
...
/Users/leo/PyCorpus/texts/temp_folder/1.txt
/Users/leo/PyCorpus/texts/temp_folder/1_changed.txt
/Users/leo/PyCorpus/texts/temp_folder/2.txt
/Users/leo/PyCorpus/texts/temp_folder/2_changed.txt
/Users/leo/PyCorpus/texts/temp_folder/3.txt
```

```
/Users/leo/PyCorpus/texts/temp_folder/3_changed.txt
```

我们可以将上面的代码进行修改，读取每个文本，并将它们合并到一个文本中。请看下面的代码。

code7.21.py

```
import os

allfiles = []

rootdir = '/Users/leo/PyCorpus/texts/'
file_out = open(rootdir + 'allfiles_combined.txt', 'a')
for root, subFolders, files in os.walk(rootdir):
     for file in files:
           allfiles.append(os.path.join(root, file))
for i in allfiles:
      if i.endswith('.txt'):
           file_in = open(i, 'r')
           for line in file_in.readlines():
                 file_out.write(line)
           file_in.close()
file_out.close()
```

7.11　多个文本文件批量改名

本小节我们读取“/Users/leo/PyCorpus/texts/temp_folder/”文件夹中的所有文本文件，并将每个文本的文件名改名为“原文件名主体部分_changed.txt”。请看下面的代码。

code7.22.py

```
1     import os
```

```
2
3     target_dir = '/Users/leo/PyCorpus/texts/temp_folder/'
4
5     files = os.listdir(target_dir)
6
7     for file in files:
8           if file.endswith(".txt"):
9                  # open the txt file
10                 file_in = open(target_dir + file, 'r')
11                 text = file_in.readlines()
12
13                 # open the new txt file with file name
changed
14                 file_out = open(target_dir + file[:-4] +
"_changed.txt", "a")
15
16                 for t in text:
17                       file_out.write(t)
18
19                 file_in.close()
20                 file_out.close()
```

上面代码的第一至五行与 7.10.2 小节中的代码一样，分别引入 os，定义目标文件夹，并读取文件夹中的所有文件名。第七至十一行，用 for...in 循环读取文件名，如果文件名以.txt 结尾，则打开该文件，并用 readlines()函数读取文件内容。

第十三到十四行，打开修改文件名后准备写出文件的文件句柄。请注意修改文件名的写法。target_dir 为写出文件的路径，file[:-4]为文件名除了最后 4 个字符的部分，即文件名的主体部分(其原因在于，“.txt”占有 4 个字符)，“_changed.txt”为新文件名的最后部分，即在“.txt”前面加上“_changed”。通过上述十三和十四行的内容，完成了新建文件，新建文件的文件名在原文件基础上进行了修改的任务。

第十六至十七行将原文件内容写入新文件中。最后两行关闭文件句柄。

通过本小节和上一小节的实例，我们掌握了如何读取文件夹中的多个文本，因此，我们还可以利用这两个小节所学的技巧，来对多个文本进行其他处理。比如，读取某文件夹中的所有 txt 文本文件，制作所有文本的单词频次表等。

7.12　使用 Stanford CoreNLP 进行文本处理

7.12.1　Stanford CoreNLP 简介

Stanford CoreNLP 是斯坦福大学自然语言处理课题组开发的自然语言处理系统，该系统包括诸多自然语言处理相关的工具，功能强大，可以对文本进行分词、分句、词性赋码、词形还原、句法分析处理等。虽然我们在前面章节中已经介绍了在 Python 中进行分词、分句、词性赋码和词形还原的其他方法，在本小节我们依然介绍 Stanford CoreNLP 的使用方法，主要出于以下几点理由：一是 Stanford CoreNLP 相关文本处理结果的准确率高，在自然语言处理和语料库文本处理实践中应用广泛，具有较大影响力；二是 Stanford CoreNLP 有句法分析模块，我们可以利用该模块进行句法分析，而前面章节没有涉及相关内容；三是 Stanford CoreNLP 使用命令行操作，而很多其他工具都使用命令行操作，因此，读者通过学习本小节介绍的 Stanford CoreNLP 命令行操作方法，可以在以后的数据处理中举一反三，使用其他工具；四是我们将介绍如何利用 Python 来检索和分析 Stanford CoreNLP 处理后文本，读者也可以从中学习到更多的 Python 文本处理技巧。

Stanford CoreNLP 是使用 Java 语言开发的，所以在使用前，操作系统中需要安装 Java 开发平台 JDK（Java Platform（JDK））。安装 Java JDK 的方法如下：①通过搜索引擎 Google 或 Bing 等搜索"Java JDK download"，并访问 Java JDK 下载页面；②选择系统对应的 JDK 程序，下载并安装；③安装完成后，打开命令行（terminal），输入"java –version"，显示 Java 版本。如果 Java 版本显示正常，则安装成功。

在安装好 Java 后，前往 https://stanfordnlp.github.io/CoreNLP/download.html 页面（Stanford CoreNLP 主页）下载 Stanford CoreNLP 系统压缩包（笔者在撰写本书时，下载和使用的是最新版 Stanford CoreNLP v3.9.2，读者阅读本书时，下载的版本可能不同）。下载后，解压压缩包，将有类似 stanford-corenlp-full-2018-10-05 的文件夹。Stanford CoreNLP 不需要安装，解压后即可通过命令行执行任务。

Stanford CoreNLP 系统主要通过命令行来执行相关文本处理任务[①]。也有学

① 关于如何使用命令行进行文本标注和分析，感兴趣的读者可以阅读 Lu（2014）：Lu, X.（2014）. *Computational Methods for Corpus Annotation and Analysis*. New York: Springer。

者做了 Stanford CoreNLP 的 Python 语言扩展包，可以通过 Python 来执行 Stanford CoreNLP 的处理任务，但其设置相对繁琐；而通过命令行来进行文本处理相对简单，只需使用一行语句来执行命令。因此我们不介绍 Stanford CoreNLP 的 Python 语言扩展包使用方法。下面的小节，我们先介绍 Stanford CoreNLP 的命令行文本处理方法，然后讨论如何用 Python 语言来对 Stanford CoreNLP 的处理结果进行整理及提取有用信息。

7.12.2 分句、分词、词性赋码、词形还原

本小节我们首先介绍如何通过 Stanford CoreNLP 命令行模式来对文本进行分句、分词、词性赋码和词形还原等处理，然后介绍如何利用 Python 提取处理后结果的相关信息。

使用 Stanford CoreNLP 的命令行模式进行文本的分句、分词、词性赋码和词形还原的方法如下。假设我们有如下名为 un_history.txt 的文本文件[①]，其编码格式为 UTF-8。我们将它复制到上述 stanford-corenlp-full-2018-10-05 文件夹中。我们将对 un_history.txt 文本进行分句、分词、词性赋码和词形还原处理。

```
The name "United Nations", coined by United States
President Franklin D. Roosevelt was first used in the
Declaration by United Nations of 1 January 1942, during the
Second World War, when representatives of 26 nations
pledged their Governments to continue fighting together
against the Axis Powers.
```

首先，打开命令行(terminal)，将命令行当前路径切换到上述 stanford-corenlp-full-2018-10-05 文件夹。然后在命令行中输入下面的命令，请看如下代码。

code7.23.py

```
java -cp stanford-corenlp-3.9.2.jar:stanford-corenlp-3.9.2-
models.jar:xom.jar:joda-time.jar:jollyday.jar -Xmx3g
edu.stanford.nlp.pipeline.StanfordCoreNLP -annotators
tokenize,ssplit,pos,lemma -file un_history.txt
```

① 引自 www.un.org/en/aboutun/history/index.shtml，对联合国历史介绍的第一段话。

```
或者

java -cp "*" edu.stanford.nlp.pipeline.StanfordCoreNLP -
Xmx3g -annotators tokenize,ssplit,pos,lemma -file
un_history.txt
```

下面我们对命令的相关设置做简单解释，读者可以访问 Stanford CoreNLP 主页查看详细说明(documentation)。命令的基本格式如下，其中下划线部分为需要设置的部分。

```
java -cp stanford-corenlp-x.x.x.jar:stanford-corenlp-x.x.x-
models.jar:xom.jar:joda-time.jar:jollyday.jar -Xmx3g
edu.stanford.nlp.pipeline.StanfordCoreNLP -annotators
tokenize,ssplit,pos,lemma,ner,parse,dcoref -file filename
```

其中，“x.x.x”部分为 Stanford CoreNLP 的版本号；在笔者撰写本书时，Stanford CoreNLP 为 3.9.2 版本。“Xmx3g”为设置分配给 Java 运行的内存大小，根据计算机内存大小，可以将之设置成“Xmx1000m”“Xmx1800m”“Xmx2g”等；我们将之设置成“Xmx3g”。-annotators 后面的“tokenize, ssplit, pos, lemma, ner, parse, dcoref”设置成需要 Stanford CoreNLP 进行的文本处理方式，“tokenize”为分词，“ssplit”为分句，“pos”为词性赋码，“lemma”为词形还原，“ner”为命名实体识别(named entity recognition)，“parse”为句法分析，“dcoref”为共指消歧(coreference resolution)。根据研究和文本处理的需要，我们可以同时设置上述数种文本处理方式，也可以只设置其中几种文本处理方式。本小节我们只介绍其中的分句、分词、词性赋码和词形还原等四种方法，因此，我们将之设置成“tokenize,ssplit,pos,lemma, parse”。最后，“filename”设置需要处理的文本文件名，我们设置成“un_history.txt”。

文本处理运行结束后，Stanford CoreNLP 将处理结果保存到名为“原文件名+ .xml”文件中，所以，上面例子的处理结果保存到“un_history.txt.xml”的文件中。读者可以用文本编辑器打开查看结果。

下面我们来看结果文件。结果的主体部分如下。文本采用 xml 格式标注各项信息，其基本格式为“<xxx>…</xxx>”，其中，“<xxx>”标注某信息的起始，“</xxx>”标注某信息的结尾。第一二行标注 xml 文本相关信息；第三行与最后一行，“<root>…</root>”标注根起始和根结尾；第四行与倒数第二行，

“<document>…</document>”标注文件起始和文件结尾。这些信息并不是我们关注的内容。接下来，“<sentences>…</sentences>”标注文本处理所有句子的起始和结尾；再接下来，“<sentence id="1">…</sentence>”标注文本中第一个句子的起始和结尾。由于文本只含有一个句子，因此只有第一个句子起始和结尾的标注信息。如果文本含有其他句子，则结果中将通过并列的“<sentence id="2">… </sentence>”“<sentence id="3">…</sentence>”等来标注其他句子信息。Stanford CoreNLP 通过上述句子信息的标注，来进行分句处理。

```
<?xml version="1.0" encoding="UTF-8"?>
<?xml-stylesheet href="CoreNLP-to-HTML.xsl"
type="text/xsl"?>
<root>
  <document>
    <sentences>
      <sentence id="1">
…
      </sentence>
    </sentences>
  </document>
</root>
```

我们再来看 Stanford CoreNLP 是如何标注分词、词形还原和词性赋码等信息的。在“<sentence id="1">…</sentence>”下面，有如下标注信息。

“<tokens>…</tokens>”表示第一个句子中所有单词标注信息的起始和结尾。接下来，从“<token id="1">”至下面紧接着的“</token>”，标注第一个单词信息起始和结尾。“<word>The</word>”是单词在文本中出现的词形，“<lemma>the</lemma>”标注词形还原后单词的原形(base form)，接下来的“<CharacterOffsetBegin>0</CharacterOffsetBegin>”和“<CharacterOffsetEnd>3</CharacterOffsetEnd>”两行信息标注单词“the”在文本中的起始和结束的字符位置。与 Python 语言一样，字符串的起始位置从 0 开始。最后，“<POS>DT</POS>”标注单词的词性。其他单词的标注信息与上述第一个单词类似。

```
…
      <tokens>
```

```
        <token id="1">
          <word>The</word>
          <lemma>the</lemma>
          <CharacterOffsetBegin>0</CharacterOffsetBegin>
          <CharacterOffsetEnd>3</CharacterOffsetEnd>
          <POS>DT</POS>
        </token>
        <token id="2">
          <word>name</word>
          <lemma>name</lemma>
          <CharacterOffsetBegin>4</CharacterOffsetBegin>
          <CharacterOffsetEnd>8</CharacterOffsetEnd>
          <POS>NN</POS>
        </token>
        …
      <tokens>
…
```

由上述分析可见，如果我们使用 Stanford CoreNLP 进行分词、单词赋码和词形还原处理的话，结果文件中的类似下面三行信息是我们最为关注的内容，即“<word>The</word>”、“<lemma>the</lemma>”和“<POS>DT</POS>”，它们分别标注了单词在文本中的词形、单词原形和单词的词性。

下面我们来讨论如何编写 Python 代码，提取“un_history.txt.xml”文本中所有上述三行信息，将上述信息处理为“The\tthe\tDT”，即“word\tlemma\tPOS”形式(中间用制表符\t 隔开)，并将处理结果保存到“un_history_lemma_pos.txt”文本中。经过观察，包含上述信息的行都是以若干空格加“<word>”“<lemma>”“<POS>”开头的，所以完成上述任务的第一步是提取含有“<word>”“<lemma>”“<POS>"的行。第二步，我们删除“<word>”“<lemma>”“<POS>"前面的空格，并删除“<"和">”，剩余的内容即为我们需要的 word、lemma 和 POS 信息。第三步，将 word、lemma 和 POS 信息整理成“word\tlemm\tPOS”形式，并写出到结果文本。请看下面的代码。

code7.24.py

```
import re
```

```
file_in =
open("/Users/leo/PyCorpus/texts/un_history.txt.xml", "r")
file_out =
open("/Users/leo/PyCorpus/texts/un_history_lemma_pos.txt",
"a")

for line in file_in.readlines():
      line2 = line.strip()   #  strip the spaces, including
the newline character in the line
      if line2.startswith("<word>"):
            word = re.sub(r'<.*?>', '', line).strip()  #
replace '<.*?>' with nothing
            file_out.write(word + '\t')  # write out the word
      elif line2.startswith("<lemma>"):
            lemma = re.sub(r'<.*?>', '', line2).strip()
            file_out.write(lemma + '\t')
     elif line2.startswith("<POS>"):
            pos = re.sub(r'<.*?>', '', line2).strip()
            file_out.write(pos + '\n')
file_in.close()
file_out.close()
```

上面的代码中，我们首先引入正则表达式模块（“import re”），并打开两个文件句柄，分别用于读入和写出文本。然后，我们循环遍历读入文本的每一行，并删除每一行起始和结尾的空格，包括行末尾的换行符（“line2 = line.strip()”）。接下来，进行三个 if 判断，分别提取含有“<word>”“<lemma>”“<POS>”的行。如果行起始处为“<word>”、“<lemma>”或“<POS>”，则删除尖括号（<>）中的内容；再分别写出 word 、lemma 和 POS。值得注意的是，由于最终结果为“word\tlemma\tPOS”形式，所以，在写出“word”和“lemma”时，我们在“word”和“lemma”后面均加了制表符'\t'，而在写出“POS”时，我们在“POS”后面加了换行符'\n'。代码最后两行关闭两个文件句柄。

我们也可以根据研究需要，对上述代码进行修改，比如将写出结果修改成

“word\tPOS”或“lemma\tPOS”形式，或者只保留“lemma”。

7.12.3 句法分析与搭配提取

在前面一小节，我们介绍了如何使用 Stanford CoreNLP 进行分句、分词、词形还原和词性赋码等文本处理。本小节，我们介绍如何使用 Stanford CoreNLP 进行句法分析。

句法分析(syntactic parsing)就是分析句子的句法结构，类似 Stanford CoreNLP 这样可以进行自动句法分析的工具称作句法分析器(syntactic parser)。基于不同的句法理论，句法分析可大致分为基于短语结构语法(phrase structure grammars)的句法分析和基于依存语法(dependency grammars)的句法分析两大类[①]。

根据研究需要，我们可以提取句法分析结果中的相关信息，以完成其他文本处理任务。比如，基于依存语法的句法分析为我们提供了句子中词与词之间的依存关系，而这些依存关系为我们提供了丰富的词与词之间的搭配信息。我们可以根据这些搭配信息，来开发搭配数据库或词典；学习者也可以对写作中的词与词之间的依存关系或搭配进行分析，可以分析学习者写作中的搭配使用或搭配错误，还可以开发学习者写作搭配错误分析工具。

本小节我们首先介绍如何使用 Stanford CoreNLP 对 un_history.txt 文本进行句法分析(主要讨论基于依存语法的句法分析结果)，然后我们介绍如何编写 Python 代码提取依存关系相关的信息。

使用 Stanford CoreNLP 进行句法分析的方法与上一小节中介绍的进行分词、词形还原、词性赋码的方法类似。首先，打开命令行(terminal)，将命令行当前路径切换到上述 stanford-corenlp-full-2018-10-05 文件夹。然后在命令行中输入下面的命令。与上一小节介绍的命令唯一不同的是“-annotators tokenize, ssplit, pos, lemma, parse”部分，我们增加了“parse”，以进行句法分析。

code7.25

```
java -cp stanford-corenlp-3.9.2.jar:stanford-corenlp-3.9.2-
models.jar:xom.jar:joda-time.jar:jollyday.jar -Xmx3g
edu.stanford.nlp.pipeline.StanfordCoreNLP -annotators
```

① Stanford NLP 研究小组还开发了基于 Java 的句法分析器 Stanford Parser。我们这里介绍的 Stanford CoreNLP 系统包含 Stanford Parser 功能。关于句法分析的详细解释和 Stanford Parser 的使用方法，读者可以参考 Lu (2014)第 5 章和第 6 章 (Lu, X. 2014. *Computational Methods for Corpus Annotation and Analysis*. New York: Springer.)。

```
tokenize,ssplit,pos,lemma,parse -file un_history.txt

或者

java -cp "*" edu.stanford.nlp.pipeline.StanfordCoreNLP -
Xmx3g -annotators tokenize,ssplit,pos,lemma,parse -file
un_history.txt
```

句法分析后的结果还是保存在 un_history.txt.xml 文本中。与上一小节讨论的分词、词形还原、词性赋码等结果相比，本次分析的结果增加了句法分析的结果。下面是增加的句法分析的部分结果。

```
<parse>(ROOT (S (NP (NP (DT The) (NN name)) (`` ``) (NP (NNP
United) (NNPS Nations)) ('' '')) (, ,) (S (VP (VBN coined) (PP
(IN by) (NP (NNP United) (NNP States) (NNP President) (NNP
Franklin) (NNP D.) (NNP Roosevelt))))) (VP (VBD was) (VP (ADVP
(RB first)) (VBN used) (PP (IN in) (NP (DT the) (NN
Declaration))) (PP (IN by) (NP (NP (NNP United) (NNPS
Nations)) (PP (IN of) (NP (CD 1))))) (NP-TMP (NNP January) (CD
1942)) (, ,) (PP (IN during) (NP (NP (DT the) (JJ Second) (NNP
World) (NNP War)) (, ,) (SBAR (WHADVP (WRB when)) (S (NP (NP
(NNS representatives)) (PP (IN of) (NP (CD 26) (NNS
nations)))) (VP (VBD pledged) (NP (PRP$ their) (NNS
Governments)) (S (VP (TO to) (VP (VB continue) (S (VP (VBG
fighting) (ADVP (RB together)) (PP (IN against) (NP (DT the)
(NNP Axis) (NNP Powers)))))))))))))) (. .))) </parse>
      <dependencies type="basic-dependencies">
        <dep type="root">
          <governor idx="0">ROOT</governor>
          <dependent idx="18">used</dependent>
        </dep>
        …
```

```
    <dep type="nsubjpass">
      <governor idx="18">used</governor>
      <dependent idx="2">name</dependent>
    </dep>
    …
    <dep type="pobj">
      <governor idx="9">by</governor>
      <dependent idx="15">Roosevelt</dependent>
    </dep>
    <dep type="auxpass">
      <governor idx="18">used</governor>
      <dependent idx="16">was</dependent>
    </dep>
    <dep type="advmod">
      <governor idx="18">used</governor>
      <dependent idx="17">first</dependent>
    </dep>
   …
  </dependencies>
```

分句分析结果的第一行“<parse>(ROOT (S (NP (NP (DT The) (NN name)...) (. .))) </parse>”是短语结构的分析结果。接下来，是依存关系的分析结果。每个依存关系都以“<dep type="xxx">”开头，以“</dep>”结尾，如下面的例子，“nsubjpass”表示主语与被动动词关系，那么，“name”是主语，而“used”是其被动动词。

```
    <dep type="nsubjpass">
      <governor idx="18">used</governor>
      <dependent idx="2">name</dependent>
    </dep>
```

又如下面的例子，“advmod”表示副词修饰关系，可见“used”被“first”修饰。

```
    <dep type="advmod">
```

```
    <governor idx="18">used</governor>
    <dependent idx="17">first</dependent>
  </dep>
```

关于 Stanford CoreNLP 分析的各种依存关系及其详细解释，读者可参考 Stanford CoreNLP 文件夹中的 StanfordDependenciesManual.pdf 文件。

下面我们来讨论如何编写 Python 代码来提取上述依存关系句法分析结果中搭配相关的信息。搭配研究最为关注的是“动词 + 名词”“形容词 + 名词”“名词 + 名词”“副词 + 动词/形容词/副词”等搭配关系。依存关系句法分析提供了上述几种依存关系的结果。比如，“动词 + 名词”标注为“dobj”，“形容词 + 名词”标注为“amod”，“名词 + 名词”标注为“nn”，“副词 + 动词/形容词/副词”标注为“advmod”。

下面我们编写代码，提取句法分析后 un_history.txt.xml 文本中的上述四种依存关系的搭配词，将它们保存为“依存关系 + dependent 词 + \t + governor 词”形式(如“dobj Governments pledged”)，并保存到 un_history_collocations.txt 文本中。

仔细观察 un_history.txt.xml 文本我们发现，Stanford CoreNLP 提供了三种形式的依存关系结果，即“basic-dependencies”、“collapsed-dependencies”和“collapsed-ccprocessed-dependencies”，它们的结果大致相同。我们在提取依存关系时，只需分析其中一种结果，否则提取的结果可能会有多次重复。因此，我们首先提取出“<dependencies type="basic-dependencies">...</dependencies>”中间的文本，这样可以保证我们只从“basic-dependencies”结果中提取依存信息而不会出现多次重复的结果。然后，提取“<dep type="xxx">...</dep>”信息，其中“xxx”为“dobj”、“amod”、“nn”或“advmod”。最后，将上一步提取的信息整理成“依存关系 + dependent 词 + \t + governor 词”形式，并写出到 un_history_collocations.txt 文本保存。请看下面的代码。

下面是代码第一部分。首先，引入正则表达式模块，然后分别打开读入和写出的文件句柄。接下来，我们使用 re.findall() 函数来检索所有“<dependencies type="basic-dependencies">”和“</dependencies>”之间的内容。有两点需要注意：一是我们在前面章节介绍 re.findall() 函数时，其检索的字符串都是文本的某一行，而此处代码中的 re.findall() 函数检索是整个文本("file_in.read()")；二是“<dependencies type="basic-dependencies">”和“</dependencies>”之间的内容是跨行的。如果需要检索跨行内容，需要在 re.findall() 函数中加参数“re.DOTALL”。

re.findall()函数返回的是一个列表，由于本例的 un_history.txt.xml 文本中只有一个句子，故 re.findall()函数返回的列表“basic_dep”只有一个元素。读者可以在下面代码的末尾加上“print(basic_dep)”语句来查看检索的结果。

code7.26a.py

```
# dependencies_collocations.py  Part 1

import re

file_in =
open("/Users/leo/PyCorpus/texts/un_history.txt.xml", "r")
file_out =
open("/Users/leo/PyCorpus/texts/un_history_collocations.txt"
, "a")

# to extract all contents between
# <dependencies type="basic-dependencies">
# and </dependencies>
basic_dep = re.findall(r'<dependencies type="basic-
dependencies">.*?</dependencies>', file_in.read(),
re.DOTALL)
```

下面是代码第二部分，我们试图检索 dobj 依存关系(即“动词 + 名词搭配”)。首先，使用 for 循环，遍历“basic_dep”列表。然后，使用 re.findall()函数来检索所有“<dep type="dobj">”和“</dep>”之间的内容；与上面的情形相同，由于“<dep type="dobj">”和“</dep>”之间的内容是跨行的，所以我们在 re.findall() 函数末尾加了参数“re.DOTALL”。每一个检索到的“<dep type="dobj">”和“</dep>”之间的内容是 re.findall()函数返回列表(定义为“dobj”列表)的一个元素。

接下来，我们遍历“dobj”列表(“for j in dobj”)。由于最终结果为“依存关系 + dependent 词 + \t + governor 词”形式，所以我们写出“'dobj' + '\t'”，即依存关系。然后，使用 re.search()函数检索 dependent 词，使用 re.sub()函数删除 dependent 词前后的尖括号中的内容，写出 dependent 词。下面代码的最后三行与前面类似，使用 re.search()函数检索 governor 词，使用 re.sub()函数删除

governor 词前后的尖括号中的内容，写出 governor 词。

code7.26b.py

```
# dependencies_collocations.py  Part 2

for i in basic_dep:
      # to extract all contents
      # between <dep type="dobj"> and </dep>
      dobj = re.findall(r'<dep type="dobj">.*?</dep>', i, 
re.DOTALL)

      for j in dobj:
            file_out.write('dobj' + '\t')
            dep = re.search(r'<dependent.*?/dependent>', 
j).group() # dependent
            dep_word = re.sub(r'<.*?>', r'', dep).strip()
            file_out.write(dep_word + '\t')

            gov = re.search(r'<governor.*?/governor>', 
j).group() # governor
            gov_word = re.sub(r'<.*?>', r'', gov).strip()
            file_out.write(gov_word + '\n')
```

下面是代码第三部分。与上面代码第二部分类似，我们分别检索“形容词 + 名词”（“amod”）、“名词 + 名词”（“nn”）、“副词 + 动词/形容词/副词”（“advmod”）依存关系的搭配。

code7.26c.py

```
# dependencies_collocations.py  Part 3

    # to extract all contents
    # between <dep type="amod"> and </dep>
    amod = re.findall(r'<dep type="amod">.*?</dep>', i, 
```

```
re.DOTALL)

    for j in amod:
          file_out.write('amod' + '\t')
          dep = re.search(r'<dependent.*?/dependent>',
j).group() # dependent
          dep_word = re.sub(r'<.*?>', r'', dep).strip()
          file_out.write(dep_word + '\t')

          gov = re.search(r'<governor.*?/governor>',
j).group() # governor
          gov_word = re.sub(r'<.*?>', r'', gov).strip()
          file_out.write(gov_word + '\n')

    # to extract all contents
    # between <dep type="nn"> and </dep>
    nn = re.findall(r'<dep type="nn">.*?</dep>', i,
re.DOTALL)

    for j in nn:
          file_out.write('nn' + '\t')
          dep = re.search(r'<dependent.*?/dependent>',
j).group() # dependent
          dep_word = re.sub(r'<.*?>', r'', dep).strip()
          file_out.write(dep_word + '\t')

          gov = re.search(r'<governor.*?/governor>',
j).group() # governor
          gov_word = re.sub(r'<.*?>', r'', gov).strip()
          file_out.write(gov_word + '\n')

    # to extract all contents
    # between <dep type="advmod"> and </dep>
    advmod = re.findall(r'<dep type="advmod">.*?</dep>', i,
re.DOTALL)
```

```
    for j in advmod:
        file_out.write('advmod' + '\t')
        dep = re.search(r'<dependent.*?/dependent>',
j).group() # dependent
        dep_word = re.sub(r'<.*?>', r'', dep).strip()
        file_out.write(dep_word + '\t')

        gov = re.search(r'<governor.*?/governor>',
j).group() # governor
        gov_word = re.sub(r'<.*?>', r'', gov).strip()
        file_out.write(gov_word + '\n')

file_in.close()
file_out.close()
```

如下是上面代码的检索结果。

```
dobj   Governments pledged
amod   Second      War
nn     United      Nations
nn     United      Roosevelt
nn     States      Roosevelt
nn     President   Roosevelt
nn     Franklin    Roosevelt
nn     D.    Roosevelt
nn     United      Nations
nn     World War
nn     Axis  Powers
advmod      first used
advmod      when  pledged
advmod      together    fighting
```

第 8 章　语料库 Unicode 数据处理个案实例

8.1 中 文 分 词

中文文本的字词之间没有空格，所以在检索中文文本前一般需要对文本进行分词处理。常用的中文文本分词工具有 Stanford Word Segmenter、Jieba Word Segmenter、中国科学院开发的 ICTCLAS[①]等。本小节介绍 Stanford Word Segmenter 和 Jieba Word Segmenter 两个工具。

8.1.1 Stanford Word Segmenter 中文分词

Stanford Word Segmenter 是斯坦福大学自然语言处理课题组开发的分词系统。该系统可实现中文等文本的分词。本小节介绍其中文分词的用法。

Stanford Word Segmenter 是使用 Java 语言开发的，如前所述，所以在使用前，操作系统中需要安装 Java。Java 运行环境安装完成后，请按下列步骤下载和使用 Stanford Word Segmenter 对中文文本进行分词处理[②]。

1. 到 Stanford Word Segmenter 主页[③]下载程序包。
2. 将下载后的程序包解压缩。解压缩结果为一个类似以 stanford-segmenter-2018-10-16 为文件名的文件夹。
3. 假设我们有如下内容的 cn_sample.txt 文本[④]。将该文本以 UTF-8 编码保存到上述 stanford-segmenter-2018-10-16 文件夹中，文件名为 cn_sample.txt。

```
联合国是 1945 年第二次世界大战后成立的国际组织。当时共有 51 个国家承诺通
```

---

① ICTCLAS 是由中国科学院开发的中文分词和词性赋码工具。感兴趣的读者可参考其主页：http://ictclas.nlpir.org/。

② 在 Python 中调用 Stanford Word Segmenter 涉及 wrapper 的安装和设置，其过程较繁琐，因此，本小节仅介绍利用命令行使用该工具的方法。

③ https://nlp.stanford.edu/software/segmenter.shtml#Download。笔者撰写作本书时，使用的是 stanford-segmenter-2018-10-16（v3.9.2）版本。读者阅读时，可能由于版本更新，下载的版本不同。

④ 文本来自网页对联合国的介绍。

```
过国际合作和集体安全来维护和平、发展国家间友好关系、促进社会进步、提高生活水平和保护人权。
由于其独特的国际性质，和其《宪章》赋予的权利，联合国可就广泛的问题采取行动，并通过大会，安全理事会，经济及社会理事会和其他机构和委员会，为其 193 个会员国提供一个论坛来表达他们的观点。
联合国工作的范围达到了地球每个角落。虽然联合国最著名的是维持和平，建设和平，预防冲突和人道主义援助，但是联合国及其系统组织(专门机构，基金和方案)还通过许多其他方式，影响着我们的生活并使世界变得更加美好。联合国工作范围广泛又具体，它包括可持续发展、环境和难民保护、救助灾民、打击恐怖主义、推动裁军和不扩散、促进民主、保护人权、治理政务、经济发展、社会发展、国际卫生、清除地雷、扩大粮食生产等。为了给当代和后代一个更安全的世界，联合国正在协调努力地去实现其目标。
```

4. 打开命令行终端，将当前路径转换到上述文件夹。在终端中输入下面两个命令的任意一个命令，按回车键，即可执行程序。

code8.1.py

```
./segment.sh ctb cn_sample.txt UTF-8 0 >
cn_sample_segmented.txt

./segment.sh pku cn_sample.txt UTF-8 0 >
cn_sample_segmented.txt
```

下面我们对命令进行简单解释[①]。./指的是当前文件夹。segment.sh 是 Java 程序命令。ctb 和 pku，是两个分词模型(segmentation models)，ctb 是通过中文树库(Chinese Treebank, ctb)训练的分词模型，而 pku 是通过北京大学分词模型(Beijing University's segmentation model, pku)训练的分词模型。cn_sample.txt 是需要分词的文本文件名。UTF-8 表示文本的编码。0 表示输出最优假设分词结果(to print the best hypothesis without probabilities)。最后，> cn_sample_segmented.txt 表示将结果保存到 cn_sample_segmented.txt 文本中，文本位于 cn_sample.txt 文件夹。分词结果如下。在 7.12 小节，我们已介绍如何对已分词的中文文本进

① 读者可以参考 stanford-segmenter-2018-10-16 文件夹中的 README-Chinese.txt 文本，详细了解命令参数。

行词性赋码。

```
联合国 是 1945 年 第二 次 世界 大战 后 成立 的 国际 组织 。 当时 共 有
51 个 国家 承诺 通过 国际 合作 和 集体 安全 来 维护 和平 、 发展 国家
间 友好 关系 、 促进 社会 进步 、 提高 生活 水平 和 保护 人权 。
由于 其 独特 的 国际 性质 ， 和 其 《 宪章 》 赋予 的 权利 ， 联合国 可
就 广泛 的 问题 采取 行动 ， 并 通过 大会 ， 安全 理事会 ， 经济 及 社会
理事会 和 其他 机构 和 委员会 ， 为 其 193 个 会员国 提供 一 个 论坛 来
表达 他们 的 观点 。
联合国 工作 的 范围 达到 了 地球 每 个 角落 。 虽然 联合国 最 著名 的 是
维持 和平 ， 建设 和平 ， 预防 冲突 和 人道 主义 援助 ， 但是 联合国 及
其 系统 组织 （ 专门 机构 ， 基金 和 方案 ） 还 通过 许多 其他 方式 ， 影
响 着 我们 的 生活 并使 世界 变得 更加 美好 。 联合国 工作 范围 广泛 又
具体 ， 它 包括 可持续 发展 、 环境 和 难民 保护 、 救助 灾民 、 打击 恐
怖 主义 、 推动 裁军 和 不 扩散 、 促进 民主 、 保护 人权 、 治理 政
务 、 经济 发展 、 社会 发展 、 国际 卫生 、 清除 地雷 、 扩大 粮食 生产
等 。 为了 给 当代 和 后代 一 个 更 安全 的 世界 ， 联合国 正在 协调 努
力 地 去 实现 其 目标 。
```

8.1.2　Jieba Word Segmenter 中文分词

Jieba word segmenter 是一个第三方 Python 中文分词工具。与 NLTK 模块类似，在使用前，需先安装 Jieba。首先，我们可以到 https://github.com/fxsjy/jieba 或者 http://pypi.python.org/pypi/jieba/页面下载 Jieba 程序包，并解压；然后，打开命令行，将命令行路径转换到解压后的文件夹，输入命令：python setup.py install，安装。

下面我们来对“联合国是 1945 年第二次世界大战后成立的国际组织。”这句话进行分词。请看下面的代码。

code8.2.py

```
# -*- encoding: utf8 -*-

import jieba
seg_list = jieba.cut("联合国是 1945 年第二次世界大战后成立的国际组
```

```
织。")
print(" ".join(seg_list))
```

在 Python 中输入非拉丁字符文本，需在代码初始处声明使用 UTF-8 编码，其语句为“# -*- encoding: utf8 -*-” 。然后，通过 import jieba 语句引入 jieba。接下来，通过 jieba.cut()函数对中文句子进行分词处理。最后，" ".join(seg_list)语句将分词后的单词通过空格连接，并打印结果。结果为：“联合国 是 1945 年 第二次世界大战 后 成立 的 国际 组织 。”

上面我们对一句中文句子进行了分词。下面我们来对 cn_sample.txt 中文文本进行分词。请见下面的代码。

code8.3.py

```
# -*- encoding: utf8 -*-

import codecs
import jieba

file_in =
codecs.open("/Users/leo/PyCorpus/texts/cn_sample.txt", 'r',
encoding='utf-8')
file_out =
codecs.open("/Users/leo/PyCorpus/texts/cn_sample_segmented2.
txt", 'a', encoding='utf-8')

for line in file_in.readlines():
      seg_list = jieba.cut(line)
      file_out.write(" ".join(seg_list))

file_in.close()
file_out.close()
```

由于文本是 UTF-8 编码，所以在代码起始处通过"# -*- encoding: utf8 -*-"语句声明文本的编码，以免由于 Python 语言不能识别编码而出错。接下来，引入

codecs 库(import codecs)。如前面章节所述，在读取英文文本时，我们使用 open()函数来读取文本。但在读取 UTF-8 编码文本时，需使用 codecs.open()函数。codecs.open()函数有三个参数，第一个参数是文件路径和文件名，第二个参数表示是读取('r')还是写出('a')文本，第三个参数是标识文件编码，这里写成 encoding = 'utf-8'，说明读取的文件是 UTF-8 编码。然后，逐行读取文本，并对之进行分词处理，并将分词处理后的行写出到 file_out 文件句柄(cn_sample_segmented2.txt)中。最后，关闭两个文件句柄。

8.2　中文词性赋码

在上一小节，我们介绍了如何使用 Stanford Word Segmenter 和 Jieba Word Segmenter 两个工具进行中文分词。本小节我们介绍如何利用 Stanford POS Tagger 和 Jieba Word Segmenter 进行中文词性赋码。

8.2.1　Stanford POS Tagger 中文词性赋码

Stanford POS Tagger 是斯坦福大学自然语言处理课题组开发的词性赋码系统。 Stanford POS Tagger 系统可实现对英文、德文、法文、中文、阿拉伯文等语言文本的词性赋码。本小节介绍其中文词性赋码的用法。

与 Stanford Word Segmenter 类似，Stanford POS Tagger 也是使用 Java 语言开发的，所以在使用前，操作系统中也需要安装 Java。Java 运行环境安装完成后，请按下列步骤下载和使用 Stanford POS Tagger 对分词后的 cn_sample_segmented.txt 中文文本(见 8.1.1 小节)进行词性赋码处理[①]：①到 Stanford POS Tagger 主页[②]下载程序包，请下载完整版本。②将下载后的程序包解压缩。解压缩结果为一个类似以 stanford-postagger-full-2018-10-16 为文件名的文件夹。③将 cn_sample_segmented.txt 中文文本(见 8.1.1 小节)复制到上述 stanford-postagger-full-2018-10-16 文件夹中。④打开命令行终端，将当前路径转换到上述文件夹。在终端中输入如下命令，按回车键，即可执行程序，对文本进行词性赋码。

code8.4.py

```
./stanford-postagger.sh models/chinese-distsim.tagger
```

① 本小节仅介绍利用命令行使用该工具的方法。读者可以参考 stanford-postagger-full-2018-10-16 文件夹中的 README.txt 文本，详细了解命令参数。

② https://nlp.stanford.edu/software/tagger.shtml。笔者在撰写本书时，使用的是 stanford-postagger-full-2018-10-16 (v3.9.2)版本。读者阅读时，可能由于版本更新，下载的版本不同。

```
0cn_sample_segmented.txt > 0cn_sample_segmented_tagged.txt
```

上述命令中，./指的是当前文件夹，stanford-postagger.sh 为 Java 程序命令，models/chinese-distsim.tagger 为词性赋码所用的模块，cn_sample_segmented.txt 为待赋码的文本文件名。最后将词性赋码后的结果保存到 cn_sample_segmented_tagged.txt 文本中。结果如下。

```
联合国#NR 是#VC 1945 年#NT 第二#OD 次#M 世界#NN 大战#NN 后#LC 成立
#VV 的#DEC 国际#NN 组织#NN 。#PU 当时#NT 共#AD 有#VE 51#CD 个#M
国家#NN 承诺#VV 通过#P 国际#NN 合作#NN 和#CC 集体#NN 安全#NN 来
#MSP 维护#VV 和平#NN 、#PU 发展#VV 国家#NN 间#LC 友好#JJ 关系
#NN 、#PU 促进#VV 社会#NN 进步#NN 、#PU 提高#VV 生活#NN 水平#NN 和
#CC 保护#VV 人权#NN 。#PU
由于#P 其#PN 独特#VA 的#DEC 国际#NN 性质#NN ，#PU 和#P 其#PN 《#PU
宪章#NN 》#PU 赋予#VV 的#DEC 权利#NN ，#PU 联合国#NR 可就#AD 广泛
#VA 的#DEC 问题#NN 采取#VV 行动#NN ，#PU 并#AD 通过#P 大会#NN ，
#PU 安全#NN 理事会#NN ，#PU 经济#NN 及#CC 社会#NN 理事会#NN 和#CC
其他#DT 机构#NN 和#CC 委员会#NN ，#PU 为#P 其#PN 193#CD 个#M 会员
国#NN 提供#VV 一#CD 个#M 论坛#NN 来#MSP 表达#VV 他们#PN 的#DEG 观
点#NN 。#PU
联合国#NR 工作#NN 的#DEG 范围#NN 达到#VV 了#AS 地球#NN 每#DT 个#M
角落#NN 。#PU 虽然#CS 联合国#NR 最#AD 著名#VA 的#DEC 是#VC 维持#VV
和平#NN ，#PU 建设#VV 和平#NN ，#PU 预防#VV 冲突#NN 和#CC 人道#NN
主义#NN 援助#NN ，#PU 但是#AD 联合国#NR 及其#CC 系统#NN 组织#NN
(#PU 专门#AD 机构#NN ，#PU 基金#NN 和#CC 方案#NN )#PU 还#AD 通过
#P 许多#CD 其他#DT 方式#NN ，#PU 影响#VV 着#AS 我们#PN 的#DEG 生活
#NN 并使#VV 世界#NN 变得#VV 更加#AD 美好#VA 。#PU 联合国#NR 工作
#NN 范围#NN 广泛#AD 又#AD 具体#VA ，#PU 它#PN 包括#VV 可持续#AD 发
展#VV 、#PU 环境#NN 和#CC 难民#NN 保护#NN 、#PU 救助#NN 灾民#NN 、
#PU 打击#VV 恐怖#NN 主义#NN 、#PU 推动#VV 裁军#NN 和#CC 不#AD 扩散
#VV 、#PU 促进#VV 民主#NN 、#PU 保护#VV 人权#NN 、#PU 治理#NN 政务
#NN 、#PU 经济#NN 发展#NN 、#PU 社会#NN 发展#NN ，#PU 国际#NN 卫生
#NN 、#PU 清除#VV 地雷#NN 、#PU 扩大#VV 粮食#NN 生产#NN 等#ETC 。
#PU 为了#P 给#P 当代#NN 和#CC 后代#NN 一#CD 个#M 更#AD 安全#VA 的
```

```
#DEC 世界#NN 、#PU 联合国#NR 正在#AD 协调#VV 努力#VA 地#DEV 去
#MSP 实现#VV 其#PN 目标#NN 。#PU
```

8.2.2　Jieba 中文词性赋码

Jieba 也可以对中文文本进行词性赋码。下面我们对“联合国是 1945 年第二次世界大战后成立的国际组织。”这句话进行词性赋码。

code8.5.py

```
# -*- encoding: utf8 -*-

import jieba
import jieba.posseg as pseg

words = pseg.cut("联合国是 1945 年第二次世界大战后成立的国际组织。")
for w in words:
    print(w.word + "_" + w.flag)
    # out = w.word + "_" + w.flag
    # print(out.encode("UTF-8"))
```

首先，还是在代码起始处通过“# -*- encoding: utf8 -*-”语句声明文本的编码，然后通过 import jieba.posseg as pseg 语句引入词性赋码模块。接下来，通过 pse.cut() 函数对句子进行赋码。最后，通过一个循环将结果打印成“单词_词性码”形式。为了确保打印结果为 UTF-8 编码，我们也可以使用代码最后一行的 print(out.encode("UTF-8")) 语句来打印。结果如下。读者可以将 8.1.1 小节利用 Jieba 对 cn_sample.txt 文本进行中文分词处理的代码进行改编，对之进行词性赋码。

```
联合国_nt
是_v
1945_m
年_m
第二次世界大战_nz
后_f
成立_v
```

```
的_uj
国际_n
组织_v
。_x
```

8.3 检索中文文本

本小节我们以中文文本检索为例，讨论如何检索非拉丁语 UTF-8 编码的文本。必须再次强调的是，Python 语言在检索非拉丁字母书写文本时，文本需使用 UTF-8 编码。

下面我们来看一个检索中文文本的例子。如前所述，中文词与词之间没有空格，所以如果要检索中文文本的某个单词的话，必须先对文本进行分词处理。我们这里使用 8.1.1 小节已经分词了的 cn_sample_segmented.txt 文本。我们需要检索出文本中含有“提高”一词的句子，并打印这些句子。

code8.6.py

```
# -*- encoding: utf8 -*-

import re
import codecs

file_in =
codecs.open('/Users/leo/PyCorpus/texts/cn_sample_segmented.t
xt', 'r', encoding = 'utf-8')

for line in file_in.readlines():
    if re.search(r'\b提高\b', line):
        print(line)
file_in.close()
```

如前所述，由于文本是 UTF-8 编码，需在代码起始处通过“# -*- encoding: utf8 -*-”语句声明文本编码。接下来，引入 codecs 库和 re 库，并使用 codecs.open()函数来读取 UTF-8 编码的文本。然后，通过 for...in 循环遍历读入文本的句子。在 Python 2.7 中使用正则表达式检索 UTF-8 文本时，由于文本是 UTF-8 编码，所以在检索的正则表达式前需加 ur（如"ur'提高'"），u 表示检索的表达式是 unicode。在 Python 3.x 中使用正则表达式检索 UTF-8 文本则不需要使用 "ur'提高'"，只需使用 “r'提高'” 。最后，打印出含有'提高'的句子。结果如下。

```
联合国 是 1945 年 第二 次 世界 大战 后 成立 的 国际 组织 。 当时 共 有
51 个 国家 承诺 通过 国际 合作 和 集体 安全 来 维护 和平 、 发展 国家 间
友好 关系 、 促进 社会 进步 、 提高 生活 水平 和 保护 人权 。
```

下面我们再来看一个检索中文文本的例子。我们希望检索出文本中已进行过词性赋码处理的中文文本中所有名词，如 8.1.1 小节 cn_sample_segmented_tagged.txt 文本。阅读该文本后，我们发现，所有名词赋码的第一个字母为 N，其形式为“名词#N...”。也就是说，我们的任务是检索出所有赋码以 N 字母开头的单词。请看下面的代码。

code8.7.py

```
# -*- encoding: utf8 -*-
import re
import codecs

file_in =
codecs.open('/Users/leo/PyCorpus/texts/cn_sample_segmented_t
agged.txt', 'r', encoding = 'utf-8')

nouns = []
for line in file_in.readlines():
    for noun in re.findall(r'\w+\#N\w+', line):
        nouns.append(noun)
print(nouns)
file_in.close()
```

代码前面四行与前面的例子基本相同。我们在第 4 行定义一个空的列表（nouns = []），用于储存所有名词。然后，循环遍历读取文本行。接下来，使用

re.findall()函数来检索以 V 字母开头的单词，并将它们添加到空的 nouns 列表中。注意正则表达式中的'\#'部分，由于'#'表示注释，所以我们需要在'#'前面加'\'。最后，打印 nouns 列表，并关闭 file_in 文件句柄。结果如下。当然，我们也可以将 nouns 列表做进一步清洁处理，如删除'#'及名词赋码，删除重复出现的单词等。

```
['联合国#NR', '1945年#NT', '世界#NN', '大战#NN', '国际#NN', '组织#NN', '当时#NT', '国家#NN', '国际#NN', '合作#NN', '集体#NN', '安全#NN', '和平#NN', '国家#NN', '关系#NN', '社会#NN', '进步#NN', '生活#NN', '水平#NN', '人权#NN', '国际#NN', '性质#NN', '宪章#NN', '权利#NN', '联合国#NR', '问题#NN', '行动#NN', '大会#NN', '安全#NN', '理事会#NN', '经济#NN', '社会#NN', '理事会#NN', '机构#NN', '委员会#NN', '会员国#NN', '论坛#NN', '观点#NN', '联合国#NR', '工作#NN', '范围#NN', '地球#NN', '角落#NN', '联合国#NR', '和平#NN', '和平#NN', '冲突#NN', '人道#NN', '主义#NN', '援助#NN', '联合国#NR', '系统#NN', '组织#NN', '机构#NN', '基金#NN', '方案#NN', '方式#NN', '生活#NN', '世界#NN', '联合国#NR', '工作#NN', '范围#NN', '环境#NN', '难民#NN', '保护#NN', '救助#NN', '灾民#NN', '恐怖#NN', '主义#NN', '裁军#NN', '民主#NN', '人权#NN', '治理#NN', '政务#NN', '经济#NN', '发展#NN', '社会#NN', '发展#NN', '国际#NN', '卫生#NN', '地雷#NN', '粮食#NN', '生产#NN', '当代#NN', '后代#NN', '世界#NN', '联合国#NR', '目标#NN']
```

8.4　英汉双语语料文本的合并与分割

我们在处理平行或翻译语料库时，往往会遇到这样的问题，比如有一个已经句对齐的翻译语料库文本，一行英文、一行中文，如何将这个文本分割成两个文本，分别为英文原文文本和中文译文文本？反过来，如果我们有两个文本，分别为英文原文文本和中文译文文本，如何将它们合并成一个文本，一行英文、一行中文？本小节我们将讨论如何解决上述问题。

8.4.1　将一个英汉句对齐文本分割成两个文本

假设我们有一个 bitext.txt 文本文件，该文件共有如下 16 行文本，一行为英文原文，另一行为英文原文对应的中文译文。我们希望将文本分割成两个文本，

bitext_en.txt 储存英文原文句子，而 bitext_cn.txt 储存中文译文句子。

```
I love Python programming.
我喜欢 Python 编程。
Life is short, use Python.
人生苦短，我用 Python。
Python's philosophy is in favor of "there should be one—and
preferably only one—obvious way to do it".
Python 的哲学是“用一种方法，最好是只有一种方法来做一件事”。
Beautiful is better than ugly.
优美胜于丑陋。
Explicit is better than implicit.
明了胜于晦涩。
Simple is better than complex.
简洁胜于复杂。
Complex is better than complicated.
复杂胜于凌乱。
Readability counts.
可读性很重要。
```

完成上述任务的一个可能算法是，将双语文本的所有句子依次读入一个列表，该列表的 0、2、4 等下标的元素为英文原文句子，列表的 1、3、5 等下标的元素为中文译文句子。因此，我们可以通过上述下标来分别访问英文和中文句子，并将之写出到相应的文件。请看下面的代码。

code8.8.py

```
1
2     # -*- encoding: utf8 -*-
3     import codecs
4
5     dir = '/Users/leo/PyCorpus/texts /'
6     bitext_in = codecs.open(dir + 'bitext.txt', 'r',
encoding = 'utf-8')
7     bitext_en_out = codecs.open(dir + 'bitext_en.txt',
```

```
'a', encoding = 'utf-8')
8     bitext_cn_out = codecs.open(dir + 'bitext_cn.txt',
'a', encoding = 'utf-8')
9
10    bitext_temp = []
11
12    for line in bitext_in.readlines():
13        bitext_temp.append(line)
14
15    for i in range(len(bitext_temp)):
16        if i % 2 == 0:
17            bitext_en_out.write(bitext_temp[i])
18        elif i % 2 == 1:
19            bitext_cn_out.write(bitext_temp[i])
20    bitext_in.close()
21    bitext_en_out.close()
22    bitext_cn_out.close()
```

上面文本的第二行定义代码为 UTF-8 编码，第三行引入 codecs 库。第五至八行分别定义读入文本和写出文本的文件名和文件句柄。第十行定义一个空列表 bitext_temp，用来暂时储存读入的所有句子。第十二、十三行将双语文本的所有句子读入 bitext_temp 列表中。

第十五行中，range(len(bitext_temp)) 将产生 0 至句子数目减 1 的整数列表，就是 0 至 15 整数列表；然后利用 for...in 循环遍历这些整数。第十六行，如果 *i* 可以被 2 整除，说明是英文句子的下标，则执行第十七行，将英文句子写出到 bitext_en.txt 中。第十八行，如果 *i* 不能被 2 整除，说明是中文句子的下标，则执行第十九行，将中文句子写出到 bitext_cn.txt 中。最后，第二十至二十二行，关闭文件句柄。

8.4.2 将两个英汉文本合并成一个英汉句对齐文本

与上一小节的任务相反，假设我们有两个文本，其中，bitext_en.txt 有 8 个英文句子，bitext_cn.txt 为上述 8 个英文句子的中文译文句子。我们希望将它们合并成一个 bitext2.txt 文本文件，该文件应该有 16 行文本，一行为英文原文，另一行为英文原文对应的中文译文。

完成上述任务的一个可能算法是，分别读取两个文本，将它们分别储存到两个列表中，然后利用 dict(zip(list1, list2)) 函数将两个列表合并成一个字典，该字典的键为英文句子，映射的值为英文句子的中文译文。然后读取字典，将字典的键和值依次写出到 bitext2.txt 文本文件中。

code8.9.py

```
1
2	# -*- encoding: utf8 -*-
3	import codecs
4
5	dir = '/Users/leo/PyCorpus/texts /'
6	bitext_en_in = codecs.open(dir + 'bitext_en.txt', 'r',
encoding = 'utf-8')
7	bitext_cn_in = codecs.open(dir + 'bitext_cn.txt', 'r',
encoding = 'utf-8')
8	bitext_out = codecs.open(dir + 'bitext2.txt', 'a',
encoding = 'utf-8')
9
10	bitext_en_temp = []
11	bitext_cn_temp = []
12
13	for line in bitext_en_in.readlines():
14		bitext_en_temp.append(line)
15
16	for line in bitext_cn_in.readlines():
17		bitext_cn_temp.append(line)
18
19	bitext_dict = dict(zip(bitext_en_temp,
bitext_cn_temp))
20
21	for i in bitext_dict.keys():
22		bitext_out.write(i)
23		bitext_out.write(bitext_dict[i])
24
```

```
25    bitext_en_in.close()
26    bitext_cn_in.close()
27    bitext_out.close()
```

上面文本的第二行定义代码为 UTF-8 编码，第三行引入 codecs 库。第五至八行分别定义读入文本和写出文本的文件名和文件句柄。第十、十一行分别定义一个空列表 bitext_en_temp 和 bitext_cn_temp，用来分别暂时储存读入的英文和中文句子。第十三、十四行和第十六、十七行分别将英语和中文文本的句子读入 bitext_en_temp 和 bitext_cn_temp 列表中。第十九行利用 dict(zip(list1, list2))函数将 bitext_en_temp 和 bitext_cn_temp 两个列表合并成一个字典，该字典的键为英文句子，映射的值为英文句子的中文译文。第二十一至二十三行读取字典，将字典的键和值依次写出到 bitext2.txt 文本文件中。最后，第二十五至二十七行关闭文件句柄。

注意，由于字典是无序的，所以上述第二十一至二十三行将字典的键和值依次写出到 bitext2.txt 文本文件中时，写入行的顺序并没有按照 bitext_en.txt 和 bitext_cn.txt 的原本顺序。所以，我们可以将第二十一至二十三行做如下修改，不读取字典，而是读取 bitext_en_temp 列表中的英文句子，然后再写出到 bitext2.txt 文件中。由于列表是有序的，所以这样修改后，写出的句子顺序是按原来的顺序排列的。

code8.10.py

```
for i in bitext_en_temp:
    bitext_out.write(i)
    bitext_out.write(bitext_dict[i])
```

附录A　Python及命令行文本处理相关参考书籍

我们建议对 Python 感兴趣的读者阅读下列书籍。

Swaroop, C. H. 2016. *A Byte of Python*（*v4.0*）. https://python.swaroopch.com/.
此书简明扼要介绍了 Python 编程的基础知识。

Lutz, M. 2013. *Learning Python*（*5th ed.*）. Cambridge: O'Reilly.
此书非常详细地介绍了 Python 编程的基础知识。

Bird, S., Klein, E. & Lope, E. 2009. *Natural Language Processing with Python*. Cambridge: O'Reilly.

Perkins，J. 2010. *Python Text Processing with NLTK 2.0 Cookbook*. Birmingham: Packt Publishing.

上面两本书主要讨论使用 Python 语言的 NLTK 库来进行自然语言处理。

Lu, X. 2014. *Computational Methods for Corpus Annotation and Analysis*. New York: Springer.

此书介绍了如何使用命令行及相关工具对文本进行标注和分析。

附录B　宾夕法尼亚大学树库词性赋码集①

Tag	Description	Examples
$	dollar	$ -$ --$ A$ C$ HK$ M$ NZ$ S$ U.S.$ US$
``	opening quotation mark	` ``
''	closing quotation mark	' ''
(	opening parenthesis	([{
)	closing parenthesis	)] }
,	comma	,
--	dash	--
.	sentence terminator	. ! ?
:	colon or ellipsis	: ; ...
CC	conjunction, coordinating	& 'n and both but either et for less minus neither nor or plus so therefore times v. versus vs. whether yet
CD	numeral, cardinal	mid-1890 nine-thirty forty-two one-tenth ten million 0.5 one forty-seven 1987 twenty '79 zero two 78-degrees eighty-four IX '60s .025 fifteen 271,124 dozen quintillion DM2,000 ...
DT	determiner	all an another any both del each either every half la many much nary neither no some such that the them these this those
EX	existential there	there
FW	foreign word	gemeinschaft hund ich jeux habeas Haementeria Herr K'ang-si vous lutihaw alai je jour objets salutaris fille quibusdam pas trop Monte terram fiche oui corporis ...
IN	preposition or conjunction, subordinating	astride among uppon whether out inside pro despite on by throughout below within for towards near behind atop around if like until below next into if beside ...
JJ	adjective or numeral, ordinal	third ill-mannered pre-war regrettable oiled calamitous first separable ectoplasmic battery-powered participatory fourth still-to-be-named multilingual multi-disciplinary ...
JJR	adjective, comparative	bleaker braver breezier briefer brighter brisker broader bumper busier calmer cheaper choosier cleaner clearer closer colder commoner costlier cozier creamier crunchier cuter ...
JJS	adjective, superlative	calmest cheapest choicest classiest cleanest clearest closest commonest corniest costliest crassest creepiest crudest cutest darkest deadliest dearest deepest densest dinkiest ...

① 本附录引自 http://www.comp.leeds.ac.uk/ccalas/tagsets/upenn.html。

续表

Tag	Description	Examples
LS	list item marker	A A. B B. C C. D E F First G H I J K One SP-44001 SP-44002 SP-44005 SP-44007 Second Third Three Two * a b c d first five four one six three two
MD	modal auxiliary	can cannot could couldn't dare may might must need ought shall should shouldn't will would
NN	noun, common, singular or mass	common-carrier cabbage knuckle-duster Casino afghan shed thermostat investment slide humour falloff slick wind hyena override subhumanity machinist ...
NNP	noun, proper, singular	Motown Venneboerger Czestochwa Ranzer Conchita Trumplane Christos Oceanside Escobar Kreisler Sawyer Cougar Yvette Ervin ODI Darryl CTCA Shannon A.K.C. Meltex Liverpool ...
NNPS	noun, proper, plural	Americans Americas Amharas Amityvilles Amusements Anarcho-Syndicalists Andalusians Andes Andruses Angels Animals Anthony Antilles Antiques Apache Apaches Apocrypha ...
NNS	noun, common, plural	undergraduates scotches bric-a-brac products bodyguards facets coasts divestitures storehouses designs clubs fragrances averages subjectivists apprehensions muses factory-jobs ...
PDT	pre-determiner	all both half many quite such sure this
POS	genitive marker	' 's
PRP	pronoun, personal	hers herself him himself hisself it itself me myself one oneself ours ourselves ownself self she thee theirs them themselves they thou thy us
PRP$	pronoun, possessive	her his mine my our ours their thy your
RB	adverb	occasionally unabatingly maddeningly adventurously professedly stirringly prominently technologically magisterially predominately swiftly fiscally pitilessly ...
RBR	adverb, comparative	further gloomier grander graver greater grimmer harder harsher healthier heavier higher however larger later leaner lengthier less-perfectly lesser lonelier longer louder lower more ...
RBS	adverb, superlative	best biggest bluntest earliest farthest first furthest hardest heartiest highest largest least less most nearest second tightest worst
RP	particle	aboard about across along apart around aside at away back before behind by crop down ever fast for forth from go high i.e. in into just later low more off on open out over per pie raising start teeth that through under unto up up-pp upon whole with you
SYM	symbol	% & ' '' ''.)). * + ,. < = > @ A[fj] U.S U.S.S.R * ** ***
TO	to as preposition or infinitive marker	to
UH	interjection	Goodbye Goody Gosh Wow Jeepers Jee-sus Hubba Hey Kee-reist Oops amen huh howdy uh dammit whammo shucks heck anyways whodunnit honey golly man baby diddle hush sonuvabitch ...
VB	verb, base form	ask assemble assess assign assume atone attention avoid bake balkanize bank begin behold believe bend benefit bevel beware bless boil bomb boost brace break bring broil brush build ...
VBD	verb, past tense	dipped pleaded swiped regummed soaked tidied convened halted registered cushioned exacted snubbed strode aimed adopted belied figgered speculated wore appreciated contemplated ...

续表

Tag	Description	Examples
VBG	verb, present participle or gerund	telegraphing stirring focusing angering judging stalling lactating hankerin' alleging veering capping approaching traveling besieging encrypting interrupting erasing wincing ...
VBN	verb, past participle	multihulled dilapidated aerosolized chaired languished panelized used experimented flourished imitated reunifed factored condensed sheared unsettled primed dubbed desired ...
VBP	verb, present tense, not 3rd person singular	predominate wrap resort sue twist spill cure lengthen brush terminate appear tend stray glisten obtain comprise detest tease attract emphasize mold postpone sever return wag ...
VBZ	verb, present tense, 3rd person singular	bases reconstructs marks mixes displeases seals carps weaves snatches slumps stretches authorizes smolders pictures emerges stockpiles seduces fizzes uses bolsters slaps speaks pleads ...
WDT	WH-determiner	that what whatever which whichever
WP	WH-pronoun	that what whatever whatsoever which who whom whosoever
WP$	WH-pronoun, possessive	whose
WRB	Wh-adverb	how however whence whenever where whereby whereever wherein whereof why